建筑风格导读

［英］欧文·霍普金斯　著

韩翔宇　译

北 京 出 版 集 团

北京美术摄影出版社

图书在版编目（CIP）数据

建筑风格导读 / （英）欧文·霍普金斯著；韩翔宇译. — 北京：北京美术摄影出版社，2023.9
书名原文：Architectural Styles: A Visual Guide
ISBN 978-7-5592-0562-9

Ⅰ. ①建… Ⅱ. ①欧… ②韩… Ⅲ. ①建筑风格—研究 Ⅳ. ①TU-86

中国版本图书馆CIP数据核字 (2022) 第211249号

北京市版权局著作权合同登记号：01-2021-4724

责任编辑：王心源
特约编辑：刘舒甜
责任印制：彭军芳

建筑风格导读
JIANZHU FENGGE DAODU

［英］欧文·霍普金斯　著　韩翔宇　译

出　　版　北京出版集团
　　　　　北京美术摄影出版社
地　　址　北京北三环中路6号
邮　　编　100120
网　　址　www.bph.com.cn
总 发 行　北京出版集团
发　　行　京版北美（北京）文化艺术传媒有限公司
经　　销　新华书店
印　　刷　广东省博罗县园洲勤达印务有限公司
版印次　2023年9月第1版第1次印刷
开　　本　787毫米×1092毫米　1/16
印　　张　15
字　　数　368千字
书　　号　ISBN 978-7-5592-0562-9
定　　价　128.00元

如有印装质量问题，由本社负责调换
质量监督电话　010-58572393

目录

建筑"风格"这一理念在很大程度上产生于19世纪，形成于对建筑学本身的研究过程中。在这一时期，与建筑"风格"的理念最密切相关的人物是瑞士建筑史学家海因里希·沃尔夫林（Heinrich Wölfflin）。作为具有影响力的德国文化历史学家雅各布·布克哈特（Jacob Burkhardt）的学生，沃尔夫林以近似于对待科学研究般严谨的方法，建立了一整幅有关建筑历史的图表来描述自己提出的关于"风格的发展问题"。他同时提出并建立了五对互相对立的概念：线性/非线性；平面/凹进；封闭式/开放式；多样性/统一性；绝对清晰/相对清晰。有了这个框架，任何受过一定的视觉教育的建筑史学家都有能力沿着这个框架对任何一部特定的建筑作品的"风格"进行确定，从而可以对这幅图表进行不断的完善。

沃尔夫林的这个理念受到了来自四面八方的质疑。一些人批评了他的这种做法，首先，他们认为沃尔夫林把人类对艺术与建筑的体验降低到了一系列的表面化的、离散的参数层面，而否定与忽略了存在于其中的人类的主观的、直觉的与情感上的反映；并且，沃尔夫林的理论倾向于忽视内容而主张形式，同时也忽略了决定着如何建立一个建筑或艺术品的社会、经济和物质方面的因素。在沃尔夫林本质上是黑格尔主义（Hegelian）的思想里，"风格"有其独特的生命与轨迹，而艺术家和建筑师们的作用却被降低了，他们只不过是那些仅仅按照时代精神所注定的剧情脚本表演的演员而已。人们开始对"沃尔夫林的理论和方法"进行一种漫画式的讽刺。尽管如此，人们对"风格"一词还是有果断而明确的态度的，特别是对于从社会历史学的角度来看问题的历史学家们；他们通常是以决定论与精英论来感知"风格"。

所以，在创作这样的一本书的时候，作者同时遇到了来自概念性与实用性两个方面的问题，除此之外还要面对历史方面的问题；不管建筑"风格"的理念是如何被构想出来的，19世纪的建筑师们已经开始认真地考虑自己到底是哪一种"风格"的支持者。而另一个方面，人们把以往表现出某些共同的"文体"特征的建筑作品收集整理在一起的过程中，具有相同风格的建筑也必然会将其他风格排除在外。然而，各个时代的建筑，其产生的社会背景毕竟是极其广阔的，同时也被极其广阔的个体所塑造，所能够表现出来的多样性事实上也是现有的任何包含"文体"类别的框架难以完全涵盖的。因此，建筑"风格"在这里可以被广义地认为：在一些情况下，"风格"用非常独特的方式对建筑进行分组和分析；而在另一些情况下，"风格"则通过强调某些特定的文化趋势或建筑叙事方法，从而把表面上似乎不相关的建筑作品汇集起来，甚至在特定场合，建筑师们联合起来自己定义的一场运动也可用风格来表述，即使有的运动还称不上是一种真正的"风格"，在20世纪，人们需要对这些团体的主张保持高度的关注。而作为每一个独立的建筑师，没有必要在其职业生涯中保持一种从一而终的风格，他们可能在开始其职业生涯的时候属于一种"风格"，而快结束职业生涯的时候完全是另外一种"风格"。所以，理所当然地存在这样的建筑师：他们的作品不能被简单划分成某一种风格。

本书共分九章，每一章的顺序大体遵循风格建立的时期或建筑建造的时代。其中每一种单独的"风格"是根据建筑共同的形式特点、地理位置、大的文化趋势、运动或意识形态——或这些因素的各种组合而形成。本书的重点在于视觉上的传达：对每一种"风格"都会有一段简明的介绍，然后通过配有解说文字的图片来讲解和描述这种风格所包含的主要特征。这些特征可以是一种标志性的窗户设计，也可能是一种特定的装饰与材料，或者是隐藏在某种"风格"下的特殊的思想含义。通过这种方式，这本书可以当作一本参考书，同时也是一本具有教育意义的建筑图书。虽然"风格"的理念具有约束性或者排他性，并且"风格"有着固有的联系与分组的方法程序，但是，它使我们从此有能力去发现并升华那些曾经被我们忽视的东西。

"古典时代"建筑

早在公元前5世纪在雅典的古典建筑出现之前，古典语言已深深融入西方世界对建筑艺术的理解中，事实上，也融入了西方文明本身。"给建筑形式赋予人类的比例和活力"作为古典语言的基本原则始终保持着持久的要义。这个时期尽管社会已经存在着普遍的意愿，古典建筑的诞生还是需要有一些特定的契机和环境。

起源

几处重要的埃及纪念性建筑物，如戴尔–埃尔–巴哈利的哈特什帕特女皇神庙（Mortuary Temple of Queen Hatshepsut at Deïr-el-Bahari，公元前15世纪中期）和卡纳克的阿蒙神庙（Amun Temple at Karnak，公元前1530—公元前1323年），奠定了古典建筑基本的圆柱系统。另一方面，越来越多的发现证实，延续了古埃及文明，位于克里特岛上的米诺斯文明（Minoan）也是影响希腊本土发展的重要因素。米诺斯文明的建筑幸运地被保存了下来，被挖掘出来的建筑和散落的遗迹主要是布局复杂的宫殿建筑，在这些建筑里我们可以发现最早的横梁式结构，这也为几个世纪后的古典建筑的出现勾画了最初的轮廓。这个时期的米诺斯文明对于建筑的节点似乎并不十分感兴趣，尤其是在关于排水系统方面的设计上。相反地，当时的建筑师们把大部分注意力投入到了壁画创作上。与此同时，迈锡尼文明（Mycenaean，约公元前1600—公元前1100年），其辉煌恰如在同一时期荷马史诗《伊利亚特》和《奥德赛》中所描述的一样，人们已经开始尝试将装饰与结构结合到一起，这预示着古典建筑即将诞生。一个有趣的例子就是迈锡尼的狮子门（Lion Gate in Mycenae，约公元前1250年）：门两边的侧柱共同支撑着矩形的过梁，过梁上面安放着一块带有装饰性的三角形石块，这可以被视为最早的山花的雏形。

柱式

古典建筑出现于公元前7世纪的古希腊。第一座多利安式神庙开始把柱子和横梁式的系统发展成一个连贯的语言结构，在这种语言结构中，柱式是起着决定性作用的构件。在现实的层面中，柱子只是承载重力的构件，而柱子的比例规则和象征性隐喻统治着整个庙宇：多利克（Doric）象征着一位男性；爱奥尼（Ionic）代表一位端庄的女性；科林斯（Corinthian）象征着一个年轻的女孩。

多利克柱式檐壁三陇板与陇间板的形制，暗示了其使用木材材质的前身，而在早期的神庙中，多利克柱式是不成熟的和巨大的。多利克柱式的发展在雅典的帕提侬神庙（Parthenon，Athens，公元前447—公元前438年）的建筑上达到了顶峰，这是希腊最伟大的标志性建筑之一，吸引了大量的崇拜者，其中包括19世纪的作家兼诗人拜伦勋爵（Lord Byron）和现代主义建筑师勒·柯布西耶（Le Corbusier，1887—1966年）。很快，胜利女神雅典娜爱奥尼柱式神庙（Ionic Temple of Athena Nike，公元前427—公元前424年）、伊瑞克先神庙（Erechtheion，公元前421—公元前405年）与帕提侬神庙一同矗立在雅典卫城之中。而科林斯柱式直到公元前323年，亚历山大大帝死后的希腊化时期之前，通常都还保留在建筑内部使用。随着历史的发展，希腊文明衰落，柱式变得更自由，更轻盈，更有雕塑感。希腊化时期孕育出一批古代历史上最伟大的建筑作品，在这些伟大成就中就包含了公元前2世纪中期在帕加马建立的大宙斯祭坛（Great Altar of Zeus at Pergamon，帕加马位于现在的土耳其），祭坛的一部分在柏林的帕加马博物馆被重建。

罗马的创新

希腊化时期一直持续到罗马帝国的出现，帝国的第一任皇帝奥古斯都（Augustus）的统治时期从公元前27年持续到了公元14年。罗马的艺术和建筑高度地继承了希腊化时期开创的先例，并且加以发展，表现出了一些与以往截然不同的特征，这也是为了满足统治和管理一个庞大帝国的需要。罗马建筑根本的演变在于脱离了希腊化风格并且摆脱了希腊化时期的建筑对圆柱系统的绝对依赖，在结构与材料上进行了创新，如拱、拱顶和后来的圆顶、新类型的砖和混凝土，在物质基础上、设计理念上，都为一批古代历史上最坚固耐久的纪念建筑的诞生创造了条件。

古希腊建筑

古罗马建筑

古希腊建筑

地区：希腊及其地中海殖民地
时期：公元前7世纪—公元前1世纪
特征：横梁式系统；柱式；环绕柱廊；与世隔绝的神庙；比例；雕刻

雅典的帕提侬神庙被誉为公元前5世纪—公元前4世纪定义古典风格建筑的典范，而这个时代的求知与民主的文化精神也一起为西方世界的文明拉开了序幕。在伟大的政治家、军事家伯里克利（Pericles）的带领之下，建筑师伊克底努（Ictinus）和卡立克拉特（Callicrates）、雕刻家菲狄亚斯（Phidias）共同合作为雅典的守护神——雅典娜创建了一座新的帕提侬神庙（老的神庙在公元前480年被波斯人摧毁）。矩形的围廊式神庙矗立在宏伟的三步台阶基础之上，南面、北面各有17根柱子，东、西则各为8根。圣堂（神庙中央的房间）里面曾经存放着一座高大的用黄金制成的雅典娜神像，现失传已久。

菲狄亚斯同时也负责建筑物上的大量雕塑的创作：（东、西）山花上的群雕分别描述了雅典娜诞生的故事，雅典娜与海神波塞冬（Poseidon）抗争的故事；陇间板（metopes）上雕刻着一幅幅战役的场景——众神与巨人之间的战争，希腊人之间的战争，半人马（Centaurs）和亚马孙（Amazons）之间的战争；而著名的圣堂墙垣外侧顶部的带状檐壁上，雕刻着节日庆典里供奉雅典娜的仪式的情景。神庙的雕塑被认为最初是涂上了丰富的色彩的，这与希腊创始期（Archaic period，公元前700—公元前480年）呆板的雕塑形象形成鲜明的对比。菲狄亚斯的作品标志着希腊文化的一个黄金时代的到来，这个时期在雕刻方面涌现出了诸如波利克里托斯（Polyclitus）、伯拉克西特列斯（Praxiteles）、留西波斯（Lysippos）、米隆（Myron）等雕刻家和他们创作的古代希腊最伟大的艺术作品（现在我们只能看到罗马时期留下来的复制品）；埃斯库罗斯（Aeschylus）有着悲剧之父的美誉；而索福克勒斯（Sophocles）与欧里庇得斯（Euripides）同样也创造了新的戏剧艺术的范式。

帕提侬神庙的建筑形象精致而有活力，这绝不仅仅是得益于严谨的几何比例，建筑师在许多细微之处还进行了相当独特的处理，使得从肉眼上看起来建筑的某些位置似乎并不是绝对的规整：台基与额枋四边的边线均被处理成略微向上弯曲的曲线；四角的柱子比其他柱子略粗；所有柱子都有微凸的收分线；所有这些处理都是用来修正完全平行的束状物给人眼造成的错觉。在从古典时期（Classical Age）走向希腊化（Hellenistic）时期的进程中，帕提侬神庙开创了几何比例与人文精神的先河，对希腊建筑起着至关重要的作用。

横梁式系统

古希腊建筑起初也采用了由一系列的垂直柱子支撑起水平梁所构成的横梁式系统。而古希腊建筑与古埃及文明、米诺斯文明、迈锡尼文明最大的不同之处在于前者把对建筑节点的处理发展成为一种符号化的艺术语言融入建筑的比例与结构的逻辑之中。

赫拉神庙，帕埃斯图姆，意大利
公元前6世纪中期

柱式

柱式是古希腊建筑中最重要的创新，也是古典建筑构件组合的基本规则，柱式由基础、柱身、柱头、柱檐组成。多利克柱式、爱奥尼柱式和科林斯柱式都有各自的比例系统和符号特征。前两个柱式出现在整个古希腊时期，而科林斯柱式只在希腊化时期得到广泛应用，李西克拉特音乐纪念碑（Choragic Monument of Lysicrates）是其代表性建筑。

李西克拉特音乐纪念碑，雅典，希腊
公元前334年

环绕柱廊

希腊神庙的设计均遵循一系列特定的空间
与柱子的排布规则，最引人注目的是丰富多彩
的使用列柱式的环绕柱廊。这些单排或双排的
列柱构成了建筑的外部边界，同时为建筑提供
着结构支撑，如在古希腊重要的殖民地古利奈
（Cyrene）的宙斯神庙（Temple of Zeus）中就
可以看到环绕柱廊的使用。

宙斯神庙，古利奈，利比亚
公元前5世纪

与世隔绝的神庙

这些神庙里供奉着人们崇拜着的神灵们的
雕像，内部由丰富多样的一系列独立的空间组
成。由于除了祭司以外很少有普通人进入，这
些神庙经常被建造在偏远的地方，建筑的场址
被精心挑选，朝向也几乎都是东西方向。

康考迪亚神庙，阿格里真托，西西里
公元前5世纪

比例

古希腊建筑的平面与立面都遵循极其严格的比例系统。柱式的选取和大小决定了接下来所有建筑构件的尺寸与比例。同时，建筑师使用各种视觉矫正手段用以协调完全规则的几何形体对人眼带来的视觉上的扭曲效应，为像帕提侬神庙这样的建筑注入了情感与活力。

帕提侬神庙，雅典，希腊
公元前447—公元前438年

雕刻

雕刻是古典建筑的主要表达语言，这一点突出地体现在希腊的神庙建筑中。作为装饰，在神庙的陇间板、檐壁里存在着大量的雕刻，在神庙内也有单独的雕像，在山墙之上也有单独的山尖饰。帕提侬神庙檐壁上的杰出雕刻"希腊与巨人之间的战争（Gigantomachy）"可以说达到了希腊时期雕刻艺术的顶峰，雕塑与建筑的结合进入天衣无缝的境界。

宙斯祭坛，原址位于帕加马（现位于柏林）
公元前2世纪中期

古罗马建筑

地区： 欧洲，尤其是意大利；地中海地区，包括北非、小亚细亚和中东在内

时间： 公元前1世纪—4世纪

特征： 拱；墙；柱式；拱顶与穹顶；纪念性建筑；新建筑类型

古罗马人在各个方面深受希腊文化的影响。在建筑上，罗马人基本继承了古典语言并使其适应新的情况和用途。古希腊建筑通常会把场址选在偏远空旷的区域，这是为了方便人们从远处观望建筑。与这种原型不同的是，古罗马建筑则更多地建造于更加封闭的区域或连着城市地带。这一点也许在一定程度上可以解释为什么古希腊人偏爱用单纯的柱廊，而古罗马人则逐渐转向使用通过列柱与壁柱表达风格的墙体。古罗马人对于多利克柱式、爱奥尼柱式和科林斯柱式的运用远比古希腊人更为自由，并且创造出了全新版本的多利克柱式，同时对科林斯柱式的使用更加频繁。他们还进一步添加了两种新的柱式：塔斯干柱式（Tuscan）——以多利克柱式为原型，一种更加简单、雄壮的柱式，出自埃特鲁里亚人（Etruscan）的建筑；组合柱式（Composite）——结合了爱奥尼柱式的卷涡与科林斯柱式的莨苕叶饰。

古罗马人不但继承了原有的建筑经典语言，而且创造出了更加新颖的形式，还发展出了新的施工技术和新的建筑材料。拱曾经只是埃特鲁里亚人建筑中的一个特征，然而古罗马人很快就把它变成了自己的特色，拱被古罗马人同时作为结构体系与标志符号的处理手法。拱的出现使创建宏伟的桥梁和水渠变为了可能，使食物和水的运输变得更加容易，促使大量人群集中的城市中心的诞生。在鼎盛时期，罗马拥有超过100万的人口，其中有很多人居住在被称为"群屋（insulae）"的多层集合住宅中，砖拱与混凝土拱的发明使这些大型建设变为了可能。

拱与其他一些创新的施工方法促成了另外两个重要的进步：拱顶和圆顶。这两种处理手法在大型公共浴场建筑里得到了广泛的应用，如罗马的卡拉卡拉（Caracalla）浴场（215年）和戴克里先（Diocletian）浴场（306年），同时也运用在宫殿建筑中，包括1世纪尼禄（Nero）时期的"金屋（Golden House）"，2世纪初哈德良（Hadrian）皇帝在位时期的哈德良离宫（Villa at Tivoli）和戴克里先在斯帕拉托（Spalato）的雄伟宫殿（300年），戴克里先退位后在这里休养。穹顶也偶尔应用于神庙建筑，罗马的万神殿（Pantheon，约117—138年）就是一个最伟大的同时也是保存最完好的例子。

拱

拱比简单的横梁式系统能够跨越更大的距离，是古罗马建筑的典型特征。壮丽的戛合输水道（Pont du Gard）坐落于法国南部，使用三层叠拱结构横跨了宽阔的峡谷，把水从尼姆（Nîmes）运输到古罗马的居住地。耸立的拱门也常被用来赞美帝王的荣耀或庆祝军事上的胜利。

戛合输水道，尼姆附近，法国
约1世纪

墙

古希腊人的庙宇经常使用环形柱廊，而古罗马人通常不会特别重视对柱廊的使用，例如用在建筑的侧面的时候。卡利神殿（Maison Carrée）作为古罗马保存最完整的庙宇之一，其在门廊后面的列柱被处理成与墙面结合的形式，而不是像之前古希腊神庙经常看到的列柱都是单独排列。

卡利神殿——为纪念盖乌斯·恺撒而修建，意大利
约公元前16年

柱式

　　古罗马人继承和发展了古希腊柱式，以便适应不断变化的环境和新的需求。与创建了全新的多利克柱式相似，古罗马人也改造了爱奥尼柱式，如土神庙（Temple of Saturn）中的爱奥尼柱式，柱头的卷涡变成了对角线形状，成为建筑角柱的一种新的处理手法。

拱顶与穹顶

　　拱是拱顶与穹顶在几何学上的基础，拱顶相当于拱沿着一个轴的方向拉伸延长而形成，而穹顶则可以看作拱绕着中心轴旋转360度而形成。除了实际用途外，拱顶与穹顶在几何学上的纯净感也是建筑的一种重要的象征内涵，在这一方面，著名的例子有哈德良皇帝在位时期（117—138年）为众神建立的万神殿的穹顶。

土神庙，罗马，意大利
3世纪或4世纪

万神殿，罗马，意大利
约117—138年

纪念性建筑

在古罗马帝国及其殖民地，建筑代表了罗马的权力和威望，有着重要的意义。参照早期的塞普提米乌斯·赛维鲁凯旋门（Arch of Septimius Severus）的原型，君士坦丁（Constantine）凯旋门用于纪念君士坦丁在312年战胜马克森提乌斯（Maxentius）的战争。其兼收并蓄的雕塑装饰，包括战利品在建筑上的使用，客观上反映着4世纪的古罗马建筑与艺术已经逐渐摆脱了传统的希腊风格。

君士坦丁凯旋门，罗马，意大利
约315年

新建筑类型

古罗马人创造了许多新的建筑类型，如广场、竞技场、别墅和住宅。他们还创造出了一个新的"圆形剧场"的概念，其中最著名的例子是罗马的佛拉维欧圆形剧场（Amphitheatrum Flavium）——自中世纪起被称为大角斗场（Colosseum）。大角斗场里可以举行各种宏大的庆典，包括观看角斗士们的战斗，其椭圆形的平面和外立面上的叠层柱式打破了古希腊建筑的先例。

大角斗场，罗马，意大利
约75—82年

早期基督教建筑

313年，罗马皇帝君士坦丁（306—337年在位）颁布了著名的"米兰教令"（Edict of Milan），使基督教的崇拜合法化。此时基督教已经有300多年的历史了，但由于长期的政治迫害，基督教崇拜长期以来是秘密进行的，活动的地点也是隐藏起来的。尽管基督教刚刚被选为帝国的官方宗教，君士坦丁就在自己的统治下通过政治和法律改革大力支持基督教，同时建造了一些重要的教堂，其中包括圣彼得大教堂（St. Peter's Basilica），这座教堂就建在圣彼得死后在罗马被安葬的地方。由于古希腊、古罗马神庙的建筑形式表现出了一种明显的多神教的内涵，当然，也就不可能成为设计基督教建筑时所考虑的类型。于是，巴西利卡（basilica）的建筑形式——最初是用于商业活动的一个大的有内柱廊的长方形大厅——被采用了，并很好地适应了基督教仪式活动的需要，也正是这种建筑形式，成为了包括圣彼得大教堂在内的许多早期基督教建筑形式的基础。

君士坦丁堡

颁布"米兰教令"的时候，君士坦丁还只是古罗马帝国西部的统治者，此时他刚刚在312年击败了马克森提乌斯，巩固了自己的疆土。而帝国的东部则在李锡尼（Licinius）的统治之下，法令是两个人联合颁布的。然而，双方之间貌合神离的休战并没有持续多长时间，君士坦丁最终于324年击败了李锡尼，再次统一了罗马帝国。不久之后，君士坦丁把帝国的首都迁于古希腊时期的古城拜占庭（Byzantium），在这里，君士坦丁决心重建一个新的罗马。而这个城市，从此被称为——君士坦丁堡。

此后，帝国的西部很快就被日耳曼部落成群结队地入侵了，而东部在接下来的几个世纪的衰落中，疆土和影响力都在逐渐地减小，一直延续到1453年，终于在奥斯曼帝国（Ottoman Empire）的征服中落下了帷幕。从君士坦丁启动并快速建设新的首都开始，拜占庭帝国发展出了自身独特的艺术与建筑风格，反映了礼仪习俗和神学发展的变迁。拜占庭艺术从古罗马艺术中脱颖而出，后者局限在基本以自然界的形象为基础创作图像，而前者逐渐把创作的对象扩展到了抽象的事物上。被涂上丰富的色彩，用黄金和彩色马赛克装饰的拜占庭的"圣像"，上面描绘着基督或其他圣人的形象，是当时重要的宗教崇拜的对象。然而，这些圣像受到过严重的、系统性的破坏，在一场被称为"圣像破坏"（iconoclasm）的运动中受损。拜占庭教堂大都有着丰富多彩的用黄金和马赛克打造的装饰，然而从6世纪以后，与早期君士坦丁建造的教堂最大的不同之处——由穹顶覆盖的中心化的空间——即集中式建筑形制的出现，这种建筑形式的运用在圣索非亚大教堂（Hagia Sophia）达到了顶峰。

西欧

1054年的东西教会大分裂（The Great Schism）不可逆转地发生了，基督教被分为罗马天主教（Roman Catholic）和东正教（Orthodox Churches），而在很久之前，西罗马帝国早已被广泛入侵，西欧建筑也逐渐发展出了自己的道路。5—8世纪，这一时期西欧幸存下来的建筑数量相对稀少，很难总结出一种一致的风格，这些建筑零散地继承了巴西利卡式的平面布局，简单地模仿了古典的柱式。重要的转变发生在查理曼大帝（Charlemagne，800—814年在位）统治的时期：800年，查理曼大帝由罗马教皇加冕成为神圣罗马帝国（Holy Roman Emperor）的皇帝，开始着手主持过去3个世纪以来第一次对古代知识与文化的复兴。坐落在亚琛（Aachen）的巴拉丁礼拜堂（The Palatine Chapel，805年被定为主教教堂）是查理曼大帝时期唯一幸存下来的伟大建筑。

查理曼大帝死后，他的帝国很快就支离破碎了，然而他为中世纪的社会与经济的发展奠定了方向，促成了在11世纪时期被称为罗马风建筑（罗马式建筑）的出现。

拜占庭风格

罗马式建筑

拜占庭风格

地区： 地中海东部地区
时期： 4—15世纪
特征： 帆拱穹顶；马赛克；巴西利卡式；集中式；自由风格；砖砌与抹灰

君士坦丁选择拜占庭作为新帝国的首都，很大程度上是由于其位于博斯普鲁斯海峡（Bosphorus）的战略地位。拜占庭是一个天然的港口城市，同时是一处可以从北边击退日耳曼人、从东边击退波斯人的绝佳地点。巨大的城墙矗立在城市的周边，一簇节日庆典与仪式活动的中心建筑群也被勾画出来：包括广场、跑马场、宫殿、参议院和其他各种纪念建筑，同时还包括一个宏伟的纪念柱（经迁址后仍保存下来），柱顶有君士坦丁的雕像。君士坦丁创立了神圣和平教堂（Hagia Irene）和附近的之后建成的圣索非亚大教堂。君士坦丁完全摈弃了罗马早期典型的基督教建筑巴西利卡式的建筑布局。从6世纪开始，新颖的穹顶结构尤其是圣索非亚大教堂的出现，象征着拜占庭风格走上了顶峰。

如果说巴西利卡式的教堂是对古罗马建筑类型的继承和沿用，那么运用穹顶的拜占庭风格的教堂则是一个显著的发展，是一次从早期建筑形式中的脱离。当然，毫无争议的是，最初的罗马万神殿是所有穹顶空间建筑所参考的原型，包括君士坦丁建造的耶路撒冷圣墓教堂（Church of the Holy Sepulchre）也是用类似的集中式平面布局——虽然其穹顶相对于万神殿要小很多。

但不同的是，拜占庭风格建筑的穹顶是支撑在帆拱之上的，这样做最大的优势是可以使教堂处于一个方形的而不是一个圆形的空间之上；此外，与巴西利卡形式相对应的中央大殿的轮廓也被两侧的柱廊明确地界定出来，而使用穹顶的拜占庭风格教堂有着更广阔的墙面，可以使用各种各样的马赛克装饰和采用其他美化的方法。

圣索非亚大教堂的建筑主体基本上是完好无损的，但是它的室内装饰在"圣像破坏"运动期间和1453年君士坦丁堡被奥斯曼帝国征服后被改造成为伊斯兰清真寺的时期遭到了严重的损坏。现存较完好的拜占庭风格建筑是位于意大利拉文纳的圣维塔利教堂（S. Vitale at Ravenna）。它与圣索非亚大教堂在查士丁尼一世（Justinian I）的统治时期被建造，前者在教堂里华丽的马赛克壁画上描述的就是查士丁尼一世与皇后狄奥多拉（Theodora）在一起的场景。尽管拜占庭帝国在之后的两个世纪里几乎被完全赶出了意大利，但是它对意大利的影响仍然存在，这得益于持续的贸易联系，尤其是与威尼斯之间的往来，而威尼斯的圣马可大教堂（St. Mark's Basilica，约1063年开始建造）也继承了拜占庭风格建筑的传统。

帆拱穹顶

与万神殿的穹顶坐落在一个圆形基座上的形式不同，圣索非亚大教堂和其他拜占庭风格教堂的穹顶实际上是坐落在方形的平面基础之上的。为了协调不同的几何形式，拜占庭风格建筑的穹顶安放在帆拱之上，这是一种新型的外观呈曲面三角形的拱，底部起支撑作用的四个圆拱与顶部的穹顶在结构与视觉上都形成了完美的过渡。

圣索非亚大教堂，伊斯坦布尔，土耳其
532—537年

马赛克

拜占庭风格的教堂的内部大都装饰着华丽的人物形象和几何图像的马赛克拼贴画。其中在拉韦纳的圣维塔利教堂中保留下来的是现存的最精美的范例，马赛克拼贴画有着闪闪发光的颜色，描绘着《圣经》里的场景——各种各样的动物、植物、耶稣基督与圣徒们的形象。

圣维塔利教堂，拉韦纳，意大利
527—548年

巴西利卡式

古罗马时期的巴西利卡式建筑原本有一个很大的厅，矩形的平面中设置了环形内柱廊，创建出了一种由四周带柱廊的窄通道包围的中央高大空间。建筑师对巴西利卡的形式进行了选取和改进：他们通常会把某一处的柱廊去掉，在东面插入一个半圆形后殿用于放置祭台，有时也会添加耳堂或在教堂西面增加一个前厅。伴随着这一过程，拜占庭建筑风格逐渐成形。

集中式

早期基督教教堂普遍采用巴西利卡的形式。然而，集中式的平面布局由于更加适合拜占庭时期的宗教仪式活动，在越来越多的建筑中得到应用。圣维塔利教堂是其中最完美的作品之一，从形式上看这座教堂实际上不完全是巴西利卡式，曲面的带有柱廊的墙面用以协调八边形的中心空间和周围回廊之间的关系。

圣玛利亚大教堂，罗马，意大利
432—440年

圣维塔利教堂，拉韦纳，意大利
527—548年

自由风格

东哥特（Ostrogoths）的国王狄奥多里克（Theodoric）主持建造了雄伟的圣阿波里内尔教堂（Basilica of Sant' Apollinare Nuovo），教堂在很多方面体现了早期基督教和拜占庭风格之间的融合。尽管遵照了巴西利卡的形制，但是在建筑节点的处理上还不够严谨，室内柱廊的檐壁被支撑在了具有典型的拜占庭风格的而非古典式的花篮形柱头上，这种手法是对古典建筑随性的模仿。

砖砌与抹灰

拜占庭风格的教堂的主体结构通常是由砖砌加抹灰完成，这一点可以通过未加装饰的建筑外表看出来。在建筑的内部，装饰马赛克的镶料通常铺设在底层砖砌结构之上的抹灰层上。经历了"圣像破坏"运动，神圣和平教堂里裸露的内墙壁，可以展示出人们是如何使用砖创造出如此复杂的几何形结构的。

圣阿波里内尔教堂，拉韦纳，意大利
6世纪早期

神圣和平教堂，伊斯坦布尔，土耳其
重建于6世纪中叶

罗马式建筑

地区：欧洲
时间：11—12世纪中叶
特征：西面的钟塔；半圆拱；半圆形偏殿；筒形拱顶；厚重的支墩和柱子；朴素

罗马式的字面意思就是"仿罗马的"，那么如何从根本上区分罗马式建筑与之前时期的建筑？空间组织是一个重要的考虑因素。从10世纪晚期开始，建筑空间的联系性与统一性的理念开始体现在平面布局中，例如克鲁尼修道院II（second abbey at Cluny，981年）与位于希尔德斯海姆（Hildesheim）的圣米迦勒（St. Michael）大教堂。与单调的巴西利卡平面布局相反，这些教堂通过柱子与墙壁的排列与重复，使室内空间建立起一种明显的节奏感，并与横厅垂直交叉，形成十字形平面，这是罗马式建筑一个重要的特征。

诺曼人（Normans）是这场新思想发展的关键人物并担当了传播者。通过1066年黑斯廷斯战役（Battle of Hastings）和之后一系列的征服，诺曼人把他们在大教堂设计中的主要创新——开间的处理手法传播到了英国。建筑内部的立面一般是由层叠的半圆拱柱廊放置在巨大的柱墩上的体系构成的，每一组联系紧密的次级垂直构件的组合界定出一个开间，开间既可视为相对独立的个体又是整体的一部分，而所有的开间联合起来就组成了完整的立面。许多早期罗马式教堂的天花板都是水平的，尽管筒形拱顶在12世纪初的欧洲已经相当普遍。交叉穹棱拱顶（Groin vaults）被认为是古罗马人的发明，但是由于其几何上的复杂性，随着罗马帝国的衰落，人们很少使用这种建筑形式。然而，修建英国达勒姆大教堂（Durham Cathedral）的石匠们却使用这种结构建造了教堂的中殿，它预示了哥特式风格（Gothic）的出现（见26页）——与其说是在结构上，不如说是在形式上。教堂中使用了肋拱的穹棱拱顶使室内相对的两个立面联系为一个整体，创造了连贯的空间关系。

早期基督教和拜占庭教堂的外表通常是裸露而不加装饰的。罗马式建筑的外观则得到更多的重视，越来越多的教堂在中殿与横厅的十字交叉部设置高塔来加以强调。在外观上罗马式建筑最重要的创新无疑是西立面上的双塔，例如诺曼底的卡昂（Caen）的圣三一教堂（Norman abbeys of La Trinité，约1062年开始建造）和圣艾蒂安教堂（St. Étienne，约1067年开始建造），虽然它们并不是最早的例子。

罗马式风格沿着朝圣的路线四处传播，逐渐地，欧洲各个地区都创造出了本土版本的罗马式风格建筑。西班牙圣地亚哥的罗马式大教堂就是朝圣者们的一个重要的目的地。11世纪，建筑理念的交流不断增加，罗马式风格迅速向哥特式风格过渡。

西面的钟塔

大教堂或修道院的西立面采用双塔是罗马式建筑的一个伟大创新。典型的布置是两座高塔位于入口大门的左右两边，大门通常会使用同心拱和装饰雕塑进行强调。随着时间的推移，主入口由一个大门演变为三个大门。

圣三一教堂，卡昂，诺曼底，法国
约1062年开始建造

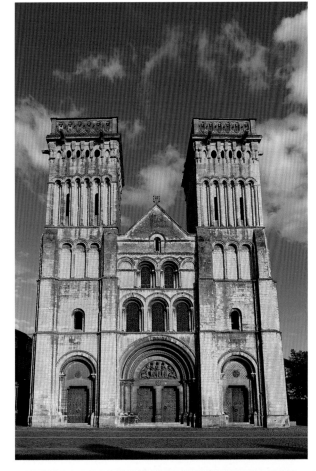

半圆拱

古罗马建筑曾经广泛而系统地使用半圆拱，半圆拱在一些伟大的古罗马建筑中是一个非常重要的元素。之后的许多个世纪，半圆拱的使用都没有中断过，然而，直到罗马式建筑风格兴起，半圆拱廊在结构和空间意义上的可能性才又一次被充分地挖掘出来。

教堂中殿，伊利大教堂，剑桥郡，英国
12世纪

半圆形偏殿

早期基督教巴西利卡式教堂的东侧通常是一个半圆形侧殿——一处半圆形的空间用于放置祭台。半圆形侧殿是罗马式教堂建筑的一个标准特征，不仅仅出现在教堂的东侧，有时也会放置在横厅里，甚至还会出现在教堂的西侧。

简形拱顶

在早期基督教教堂选取木材作为顶部材料的时期，简形拱顶经常被使用在罗马式建筑中。简形拱顶由半圆拱沿着一个轴的方向挤出生成，它需要厚重的墙体作为支撑。因此，这种结构形式也间接地导致了罗马式建筑相对于哥特式建筑看上去显得更加厚重。

施派尔大教堂，施派尔，德国
1024—1061年

圣塞南主教堂，图卢兹，法国
约1080年开始建造

厚重的支墩和柱子

　　与后来哥特式的尖拱不同，罗马式的半圆拱需要厚重的支墩或柱子支撑。巨大的支墩通常由外侧的装饰面层石板和里面的毛石砌筑而成。柱子则通常由几根组合起来成为束柱，这样做不但提供了结构上的支持，而且为上、下层的拱廊建立了视觉上的联系，同时还可以帮助界定每一个单独的建筑开间。

朴素

　　罗马式建筑可以说是朴素的，具有粗犷的形式和强烈的几何感，这些特征尤其体现在诺曼人的建筑中。圣弗朗特大教堂起初是一座修道院，表面上沿用了圣马可大教堂的巴西利卡的形制，然而圣弗朗特大教堂的帆拱穹顶并没有被华丽的马赛克拼画所覆盖，不加修饰的、朴实的风格赋予室内空间一种建筑的力量感，使其与位于威尼斯的原型区分开来。

达勒姆大教堂，达勒姆郡，英国
1093—1133年

圣弗朗特大教堂，佩里戈尔，法国
12世纪早期

哥特式与中世纪建筑

哥特式在欧洲的诞生大约可以追溯到1140年建于法国巴黎附近的圣丹尼斯大教堂（Saint-Denis）——受人尊敬的阿伯特·苏歇（Abbot Suger）指挥建造了大教堂，他本人也于1144年被任命为主教。这座建筑中的歌坛第一次采用了哥特式的设计手法，虽然当时的建筑师我们已不得而知，但这种新颖的建筑形式对接下来的至少300年的建筑风格产生了革命性的影响。进入19世纪后，哥特式建筑再次复兴，其影响力得到进一步扩展，并对之后的时代产生了潜移默化的影响。

现在被认为是属于哥特式建筑的一些标志性的特征——包括尖拱（pointed arch）、飞扶壁（lying buttress）和肋拱（rib vault），实际上已经在不同程度上在之前的罗马式建筑中得到运用。甚至有一种理论认为尖拱的起源可以追溯到早期的伊斯兰建筑。然而，圣丹尼斯大教堂的新颖之处在于第一次把这些主要特征巧妙地组合在一起，创造出了一种整体而又协调的范式。尖拱提供了一种结构上的优势，可以使教堂比以往建造得更加高耸，因为在相同的跨度下，尖拱比罗马式建筑的半圆形拱在结构上更为坚固。肋拱由拱顶放置于肋架之上组成，突出拱底面的砖石砌成的肋架支持着非结构性的"拱蹼"（web）或者肋架间填充面（infill）。飞扶壁在结构上呈现为半个拱，为墙体提供水平方向的支持，用以抵抗中殿的拱顶传递过来的水平推力。所有这些特征叠加起来，赋予哥特式教堂一种鲜明的、戏剧感的垂直性，而这种特性在罗马式建筑中是不具备的。不仅如此，支柱的使用取代了厚重的墙体，不但在结构受力上更加有效率，而且使封闭的室内空间向外界打开，在顶部创造出前所未有的光亮感，更重要的是使哥特式建筑的另一项伟大的创新——彩色玻璃（stained-glass）的运用成为了现实。

经院哲学

哥特式建筑反映了曾经流行一时并统治了整个中世纪神学与哲学界的经院哲学思想（Scholastic thought）。托马斯·阿奎那（Thomas Aquinas）的《神学大全》（*Summa Theologica*，1265—1274年）把经院哲学思想发展到了顶峰，在书中他尝试把教会的教义与古希腊和古罗马的哲学融合在一起。经院哲学宣扬仅凭推理或实验是不可能发现真正的真理的，因为真理是固然存在的，而这一切都是上帝决定的。这种理论为教会带来极大的权威，教会成为连接两个世界的入口，一方面是完美的天堂世界，另一方面是沐浴在神的恩赐之下却已经堕落的人类世界。在很大程度上，建造哥特式大教堂的旨意就是为了能够跨越这两个世界。为了建立神的世界与现实世界的感性联系，通常教堂内会存放某位圣人的遗骨，甚至是圣十字架上的一些残片。这种精神气质与哥特式教堂神秘而复杂的几何拱顶、峻峭的形体产生了共鸣。而教堂里华丽无比的彩色玻璃和雕塑也具有双重的功能：一方面可以方便为众多的文盲普及基督教的故事，另一方面也向世人传达着天国的神圣和美丽。

国际哥特式

圣丹尼斯大教堂的创新迅速扩散到巴黎周边，这种新式的教堂经过努瓦永（Noyon）、桑斯（Senlis）、拉昂（Laon）和沙特尔（Chartres）等地区的推广，很快传播到了英国。新的风格通过工匠们之间的交流在国与国之间传播。1174年，在来自法国桑斯的工匠威廉的指导下，位于英国肯特郡（Kent）的坎特伯雷大教堂（Canterbury Cathedral）开始采用这种新的风格建造教堂的歌坛。

哥特式风格起源于法国，然后传播至英国，之后又盛行于德国、西班牙、葡萄牙甚至意大利等南部欧洲国家。在随后的几个世纪里，哥特式风格被频繁地使用和改进，其使用范围也超出了教会建筑的范畴，直到被席卷欧洲的文艺复兴风格所取代。然而，保留下来的哥特式建筑都还延续着自身持久的生命力：一方面，在经历了许多个世纪之后，哥特式的大教堂建筑依然是很多国家最高耸的建筑类型之一，统治着城市的天际线与周围的景观；另一方面，哥特式建筑建立起的宗教、国家与民族认同感，在人们的心中留下了深刻的烙印，这也为19世纪哥特式的复兴起到了推动性的作用。

早期哥特式

盛期哥特式

晚期哥特式

威尼斯哥特式

世俗哥特式

城堡

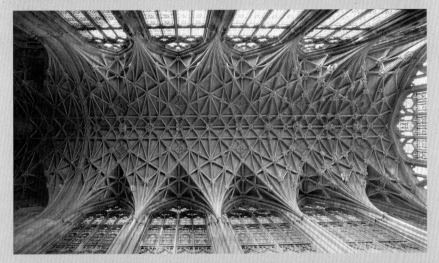

早期哥特式

地区： 法国和英国
时期： 12—13世纪中期
特征： 石板花窗；尖拱；肋拱顶；飞扶壁；四段式立面；六分拱顶

圣丹尼斯大教堂在圣坛上的创新迅速地传播开来，在接下来建造的一系列大教堂中得到了应用与发展，流行于"大巴黎地区"和更遥远的地区，尤其是英国。圣丹尼斯大教堂中的三段式立面开间本质上还是取自罗马式建筑，而努瓦永大教堂（Noyon Cathedral）很快发展了新的形制，在底层柱廊之上又加设了一层楼廊。这层新的楼廊融入室内立面之中，交替、间隔的主立柱、次立柱及其他承重构件形成丰富的韵律，对比之前罗马式建筑静态的处理手法，后者进一步强化了室内空间的高度感与垂直感。

六分式的肋拱顶是早期哥特式建筑的一个明显特征，即每个单元的肋拱顶被两个对角的肋拱和一个横向的肋拱分割成六个部分。例如在努瓦永和拉昂，教堂中殿里每一组肋拱顶单元都会覆盖两个由底层拱廊定义的立面开间，而相邻开间的顶部则均由横向的肋拱分隔。两侧由尖拱营造出的狭窄开间，强调了从教堂中殿经过十字交叉口向东移动到圣坛的路线，头顶上方宽阔的几乎是方形的拱顶把各开间协调组织在一起。

法国早期哥特式教堂已经达到了空间上的统一与和谐，而在同一时期的英国，建筑大多都还保留着被称作"早期英国风格"（Early English）的元素（大约可以追溯到1180—1275年）。早期的坎特伯雷大教堂的歌坛是由法国人威廉所设计的，因而很难被称为英国哥特式。然而，到了12世纪90年代，随着哥特式传播到威尔士（Wells）、萨默塞特郡（Somerset）和林肯郡（Lincoln），英国的石匠们接受了这种风格，并创作了属于自己的杰作。在威尔士和林肯郡的拱廊开间要比同一时期法国的拱廊开间更为宽阔，同时拱顶落在位于底层拱廊的柱子顶端的托架之上，而不是从拱廊贯通并延伸到地面。威尔特郡的索尔兹伯里大教堂（Salisbury in Wiltshire）建造于1220年，除了正立面和尖塔，其他部分相对较快地于1258年完工，这座教堂是与"早期英国风格"最相符合的建筑实例：高大、宽阔的柱廊；大厅里镂空的石板花窗与传统的尖拱形侧天窗；优雅而轻盈的四分拱顶似乎飘浮在头顶上方。

石板花窗

最早的哥特式石板花窗的形式似乎可以追溯到起初人们简单地把实体的墙面凿齐而创造出的一种原始的建筑效果：这种建筑效果通常在几何形态上是松散的，而在外观上还未明显起到装饰作用；它远比后来产生的花窗（tracery）形式要简单得多，后者多用于装饰填充立面中已有的开放空间。

索尔兹伯里大教堂，威尔特郡，英国
1220年开始建造

尖拱

尖拱是哥特式建筑的核心特征，它是由两条（或更多）曲线在中央顶端或顶点相交所构成。相对于之前的半圆拱，尖拱主要在结构性能上占有优势，使建筑可以获得更高的高度，同时创造出长方形的开间。

肋拱顶

罗马式的交叉穹棱拱顶（由两个筒顶垂直交叉形成）是一个整体的结构，去掉任何一部分，都会使其完整性受到影响。相对应地，肋拱顶的结构构造则是由突出的带形石材肋拱构成骨架，支撑上面的"拱蹼"或者肋架间填充面。

圣丹尼斯大教堂，巴黎，法国
1135年开始建造

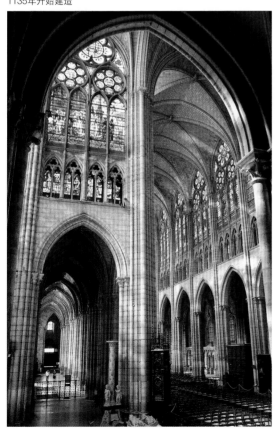

圣丹尼斯大教堂，巴黎，法国
1135年开始建造

飞扶壁

尽管在罗马式建筑中我们已经可以见到飞扶壁的使用，然而，直到哥特式的出现，才真正使飞扶壁在建筑上的运用得到充分的发挥。飞扶壁呈现出半个张开的、向上"飞跃"的拱的形态，用于抵抗、传导高处的穹顶向下、向外形成的推力，使教堂可以建造得更加高耸，而不用增加墙壁的厚度。

巴黎圣母院，巴黎，法国
1163年开始建造

四段式立面

圣德尼大教堂最早的哥特式立面是三段式的。然而，三段式立面在本质上是对罗马式风格的改造，很快发展出了四段式立面——如努瓦永大教堂。四段式立面由底层拱廊（arcade）、二层楼座（gallery）、教堂楼廊（triforium）和高侧窗（clerestory）组成。

六分拱顶

罗马式建筑中已经开始简单地运用单肋拱和交叉拱。哥特式的六分拱顶在很大程度上就是从这些最初形式的拱自然演变过来的，整个拱顶跨越、覆盖的是一个正方形的空间，由两个对角的肋拱和一个横向肋拱分为六个部分。

努瓦永大教堂，皮卡第（法国北部旧省），法国
约1131年开始建造

巴黎圣母院，巴黎，法国
1163年开始建造

盛期哥特式

地区： 欧洲，尤其是法国和英国
时期： 13—14世纪中期
特征： 三段式立面；高耸；四分拱顶；石条花窗；玫瑰花窗；装饰

坐落在法国的沙特尔大教堂（great cathedral at Chartres），可以称得上是早期哥特式向盛期哥特式转变的标志性建筑。教堂最初采用了六分拱顶，开间是正方形的。1194年，教堂经历了火灾，重建后的沙特尔大教堂对原来的六分拱顶进行了简化：横向的肋拱被取消了，拱顶由原来的一个六分拱顶分成了两个四分拱顶，由拱顶决定的开间尺寸也随之相应减半，变成了狭窄的长方形，宽度（进深）大约变为原来的一半，沿着教堂的中殿向东望去，开间重复的频率提高了一倍。

沙特尔大教堂的另一个创新是建筑开间回到了三段式立面，但是在形式上进行了重组。四段式立面中的楼座被移除了，只留下了一排低矮的楼廊用于分隔底部的高拱廊和顶部的高侧窗，立柱往往是通高的。这种简化了的立面处理产生了暗示的作用，把观者的视线从底部的拱廊穿过高侧窗一直引向教堂的拱顶。新的三段式立面的处理，配合更为狭窄的立面开间，强烈地烘托了建筑在垂直方向上的动势与活力。

早期哥特式的教堂往往把墙面当作一个固体的表面，尖拱窗则被视为穿过表面的孔洞。而在盛期哥特式建筑中这种理念恰好相反。尖拱成为建筑内部空间的起点，更加纤细的支柱，更为凹凸的线条，空间的本身似乎仅仅是由拱的重复与衔接而构建出来的。最初在兰斯大教堂（Reims），不久之后在亚眠大教堂（Amiens），早期哥特式的石板花窗被石条花窗所取代。石条花窗通常被安放在每一处尖拱下的立面空间中，石条花窗大都具有复杂的几何图案，上面镶满了彩色的玻璃，对于建筑整体的装饰效果要远远大于相对简朴的早期哥特式建筑，以至于在英国，哥特式的盛期也被称为"装饰时期"（Decorated phase）。新式的石条花窗，华丽的尖塔，加上更为繁复的装饰与线脚，使这一时期的建筑显得格外险峻而宏伟，例如林肯大教堂（Lincoln Cathedral）的东立面，约克大教堂（York Minster）的西立面，以及伊利（Ely）大教堂和布里斯托尔（Bristol）大教堂的十字交叉部位。

三段式立面

通过移除四段式立面中的楼座，使立面营造出了更加清晰的、不受阻碍向上发展的趋势。而位于底层拱廊与高侧窗之间的中层楼廊，在水平方向上是连续而贯通的，这使得彼此相邻的开间"连接"起来成为一个整体。

亚眠大教堂，皮卡第，法国
1220年开始建造

高耸

　　盛期哥特式教堂通常建造得非常高耸，相对于早期哥特式建筑，中殿高度与宽度的比值有所增大。努瓦永大教堂中殿的高度为26米，而在巴黎圣母院，中殿的高度上升到了35米，兰斯大教堂的中殿达到了38米，亚眠大教堂的中殿高达43米，而博韦（Beauvais）大教堂的中殿则达到了宏伟的48米之高。

博韦大教堂，皮卡第，法国
1220年开始建造

四分拱顶

四分拱顶省略了中殿顶部横向的肋拱，比之前的六分拱顶显得更为简洁和生动。开间的形状不再局限于正方形，并且在同等的空间内开间的数量近似增加了一倍。

石条花窗

早期的石板花窗从外观看去像是凿穿了一个坚实的墙面，而石条花窗给人的感觉则更像是在立面上原本就是开放的空间中进行装饰填充。石条花窗的设计者在几何图案的设计上可以发挥得更加自由。在石条花窗上，各种各样的叶形窗饰、椭圆窗饰、尖角窗饰得到了反复运用，构成了丰富多彩的图案。

沙特尔大教堂，厄尔–卢瓦尔，法国
1145年开始建造

西立面，约克大教堂，约克郡，英国
约1280—1350年建造

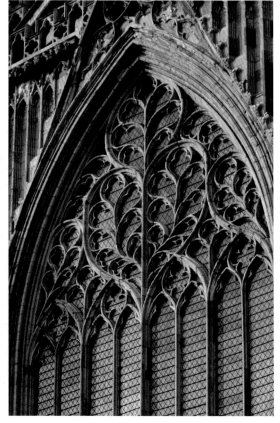

玫瑰花窗

圆形窗在罗马式和早期哥特式建筑中就已经出现了。然而早期的圆形窗往往是相对简单的"车轮形"窗口，由窗中心的圆环与若干条呈辐射状的厚重的石条组成。随着石条花窗的出现，这种花窗的形式也变得更加复杂而精细，逐渐发展出了精美的花瓣状的花窗，起初出现在沙特尔大教堂和拉昂大教堂，之后出现在巴黎圣母院。

装饰

盛期哥特式在建筑装饰上远比早期哥特式复杂。室内的立柱连在一起形成复杂的束柱，柱子具有更深的线脚。石条花窗上的装饰丰富多彩，主要有卷叶形花饰、球形花饰、菱形花饰和复杂叶形花饰等，再结合立面上各种栩栩如生的雕塑，共同创造出了无比华丽灿烂的建筑效果——这在英国被称为"装饰风格"（Decorated style）。

巴黎圣母院，巴黎，法国
1163年开始建造

兰斯大教堂，马恩，法国
1211年开始建造

晚期哥特式

地区： 欧洲，尤其是西班牙、德国和英国
时期： 14世纪中期—15世纪
特征： 装饰浓烈；复杂拱顶；灯塔；葱形拱；空间统一；垂直式

晚期哥特式建筑的开端大约可以追溯到1300年，由于地理位置各不相同，呈现出了各种不同类别的哥特式建筑，一直延续到文艺复兴（Renaissance）的出现，而在一些国家和地区，晚期哥特式甚至持续到1500年。与之前的早期、盛期哥特式风格不同，晚期哥特式没有特定的建筑作品可以拿来作为这种风格开创时期的标志物。盛期哥特式建筑对拱顶与立面的处理使建筑室内整体空间达到了统一，可以说这种统一性在兰斯大教堂和亚眠大教堂中已经达到了顶峰，这使得晚期哥特式建筑进一步转向了对建筑表面效果的表达——立柱变得更纤细；线脚更加复杂；花窗窗饰摒弃了所有坚硬的元素，呈相交线构成的蜘蛛网状；拱顶变得更加复杂，但在视觉上却显得更加轻盈；室内空间的融合度与整体感较盛期哥特式建筑更为强烈，在各个角度都更加动人。

盛期哥特式继承并完善了古老的巴西利卡——由"高大的中殿与两侧较低的侧廊"——所构成的空间形式。而晚期哥特式最重要的发展之一是打破了巴西利卡的空间形式，使中殿和侧廊成为一个整体，这样处理的结果是：立面的宽度加大了，分布在顶部各个方向上的肋拱仿佛飘浮在头顶之上。这一特点可以在德国纽伦堡的圣劳伦斯大教堂（St. Lawrence in Nuremberg）令人印象深刻的歌坛上看到。类似地，1416年，在西班牙已经有近一个世纪历史的法国式的带有环廊和辐射状礼拜室的赫罗纳大教堂（Girona Cathedral）中新加入了一个没有侧廊的中殿，其宽度与环廊相匹配，两者与半圆室结合在一起。德国和西班牙的晚期哥特式建筑通常会让人感觉到浓烈的空间复杂性，而这两个国家的民众对建筑中繁复、致密、层叠的装饰的特殊偏好，也进一步强化了这一特征。

英国的哥特式采取了与其他欧洲国家不同的发展方向。大约从1350年开始，现在被称为"垂直式"（Perpendicular）的建筑风格在英国开始出现：繁复的窗饰被摒弃了，取而代之的是看起来更富于理性的水平与垂直的分格系统，以及一系列重复的玻璃嵌板。装饰时期复杂的拱顶逐渐演变为结构上更为简单（尽管其外观上的轻盈更引人注目）的扇形拱顶（fan vault）——由同一个点向外辐射出的一系列肋拱组成。格洛斯特大教堂（Gloucester Cathedral）的拱顶，坎特伯雷大教堂与温彻斯特大教堂（Winchester）的中殿是英国哥特式"垂直时期"（Perpendicular phase）最具代表性的建筑。不仅如此，15世纪众多的皇室机构建筑，如剑桥的国王学院礼拜堂（King's College Chapel，Cambridge），伦敦威斯敏斯特修道院里的亨利七世礼拜堂（Henry VII's chapel），无疑都创造出了非凡的成就。

装饰浓烈

　　盛期哥特式关注高大空间的理性主义，而晚期哥特式则侧重于表面如何更薄、更轻巧，如何得到更复杂的窗饰。伊比利亚半岛哥特式建筑的突出特征是表面强烈的装饰感，而德国哥特式建筑则在装饰中透露出奢华。

圣巴勃罗大教堂，巴利亚多利德，西班牙
1445年开始建造

复杂拱顶

　　在盛期哥特式的四分拱顶的基础上，又发展出很多形式的拱顶。副肋拱顶（Tierceron vaults）的外形特点是从肋架拱的支撑端多引出来一系列附加的肋，搭接在横向肋上，有时在副肋、主肋之间还会以枝肋（lierne ribs）连接。在英国，这种形式最终演变出了"扇形拱顶"——英国"垂直式"的主要标志之一。

格洛斯特大教堂，格洛斯特郡，英国
1331—1355年

灯塔

早期和盛期哥特式教堂的形式和比例在根本上都还局限在直角与方形的范围内。而晚期哥特式建筑的一个特征在于其尝试了更为复杂的空间配置，这一点通常体现在对八角形灯塔的使用上，如剑桥郡的伊利大教堂和鲁昂的圣旺教堂（St. Ouen，Rouen），给传统的、静态的拱增添了动态的活力。

葱形拱

葱形拱是尖拱的一种，拱的每一侧的曲线由低处的凹曲线连接高处的凸曲线组成。这种形式最初可能是摩尔人所创造的，但是很快成为晚期哥特式建筑的一大特色。它首次出现在13世纪60年代法国特鲁瓦的圣乌尔班大教堂（St. Urbain in Troyes），在14世纪最为流行，尤其是在西班牙。

尖塔，圣旺教堂，鲁昂，法国
1490—1515年

圣玛利亚大教堂，雷克纳，西班牙
14世纪

空间统一

早期和盛期哥特式教堂保留了罗马巴西利卡高大的中殿和低矮的侧廊的形式。也许是从多米尼加（Dominican）的教堂和圣方济会修士（Franciscan friars）教堂中得到了灵感，晚期哥特式教堂往往朝着更加统一的室内空间迈进，中殿和侧廊的高度变得相似，如法国的阿尔比（Albi）大教堂和巴塞罗那的圣凯瑟琳教堂（St. Catherine in Barcelona）。

垂直式

从1350年开始，英国的哥特式摒弃了装饰时期复杂的窗饰，转而突出建筑的垂直线和水平线，因此这一时期也被称为"垂直时期"。格洛斯特大教堂东立面的外窗是最早的垂直式的实例之一，一种由横框和竖梃定义的"玻璃墙"的概念从此诞生了。

歌坛，圣劳伦斯大教堂，纽伦堡，德国
1445年开始建造

歌坛，格洛斯特大教堂，格洛斯特郡，英国
1331—1355年

威尼斯哥特式

地区：意大利的威尼斯
时期：12—15世纪
特征：表面装饰；柱廊与阳台；钟楼；葱形拱；砖和灰泥；拜占庭风格的影响

中世纪的威尼斯逐渐发展成为一个极其富有而强大的城邦。威尼斯在亚得里亚海重要的战略位置使其控制了东西方的贸易路线，并组建了一支强大的海军。11—13世纪，威尼斯强大的海军力量使其先后获得了横跨亚得里亚海域的大量领土，包括大部分的希腊群岛、克里特岛，之后是塞浦路斯岛。

威尼斯在军事与商业上获得成功的关键是其稳定的政治系统，这一切得益于威尼斯共和国的体制。国家的元首是总督，总督为终身制（但有时也会因失职或不受公众欢迎而被迫辞职）。国家设立了各种委员会用于监督、检察总督的权力使用，某些委员会甚至有权力否决总督的提议。这种体制虽然复杂并且往往难以预料，然而威尼斯共和国政府却保证了共和国的所有公民——从贵族到商人再到每一个普通人——对于威尼斯的发展都可以表达自己的见解，行使自身的权利。

政治、经济、地理位置等方面的特殊性，使得威尼斯哥特式自成一派，与其他哥特式建筑甚至是意大利的哥特式建筑大相径庭。与欧洲北方的国家相比，威尼斯哥特式建筑通常拒绝强调建筑的垂直性，立面趋于平面化（也许米兰大教堂是一个例外）。考虑到威尼斯的地理位置是位于一系列大大小小的湿地、岛屿之上，所以必须存在某些与地域性相符合的营造方法、材料选取和建筑形式。柱廊与阳台的使用——最著名的例子是在总督府（Doge's Palace）——以减轻频繁发生的洪水带来的影响；砖相对于石材更轻，且方便搬运，是最主要的结构材料。在面向外界的临水一侧，建筑的整个立面会覆盖上昂贵的大理石、马赛克甚至是黄金，用以向世人展示主人的财富与地位。

贸易的联系和相对靠近的地理位置，使得威尼斯与拜占庭及伊斯兰世界逐渐产生了在文化上，尤其是建筑方面的交流。例如葱形拱的使用，在欧洲其他国家通常只出现在晚期哥特式建筑中，而在威尼斯哥特式建筑中则是很常见的（尽管这些都是非教会背景的建筑）。从东方抢夺回来的物品也经常使用在建筑上，这方面最著名的例子当数圣马可广场（St. Mark's Square）大教堂顶部的四匹铜马（于20世纪80年代更换为复制品），它们是1206年第四次十字军东征从君士坦丁堡带回来的战利品。

表面装饰

在威尼斯，除了总督府之外最著名的世俗建筑可能就是金屋（House of Gold）了，其建筑表面以光滑的大理石、精致的马赛克和大量黄金而闻名。很少有建筑的表面装饰能达到如此华丽、奢侈的程度，这种类型的表面装饰是威尼斯哥特式的关键特征之一。

柱廊与阳台

由于每年都有洪水发生，几乎所有的威尼斯府邸都是建立在高高的柱廊之上。柱廊的装饰通常会延伸到上面的楼层，发展成为复杂的镂空的构件（相当于没有玻璃的花窗），如弗斯卡利宫（Cá Foscari）。

金屋，威尼斯，意大利
1428—1430年

弗斯卡利宫，威尼斯，意大利
1453年

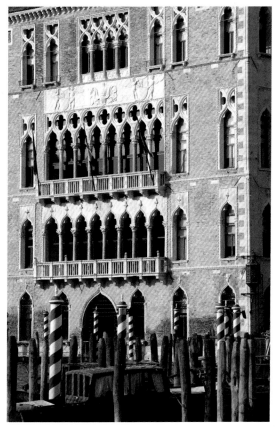

钟楼

　　大多数威尼斯教堂的旁边都会矗立一座独立的钟楼——这是意大利建筑的一个普遍特征，最著名的是圣马可广场大教堂，最初建于中世纪，于1902年倒塌后重建。威尼斯天际线中另一个独特的元素是火把形的烟囱帽，这种形状的烟囱帽旨在防止火的蔓延。

钟楼，圣马可广场大教堂，威尼斯，意大利
1489年开始建造

葱形拱

　　通常只出现在西欧晚期哥特式建筑中的葱形拱，却经常出现在威尼斯哥特式建筑中。葱形拱很少使用在基督教会建筑中，而在公寓建筑中应用得比较广泛，如孔塔里尼–法桑宫（Palazzo Contarini-Fasan）。

孔塔里尼–法桑宫，威尼斯，意大利
15世纪

砖和灰泥

因建造在有湿地、水塘的岛屿上，威尼斯的绝大部分建筑要靠打入泥土中的桩承载。因此，纯石制的建筑没得到广泛的使用。当地的红砖是最常见的建筑材料，砖相对石材较轻，更容易搬运，通常会用灰泥进行粉刷，有时也会搭配使用伊斯特拉半岛的石材。

拜占庭风格的影响

与东方国家特别是拜占庭帝国相对较近的距离以及联系紧密的贸易往来，使得威尼斯在建筑的手法上也深受拜占庭风格的影响。例如建造成穹隅圆顶的圣马可广场大教堂，其本质上是一个拜占庭式的教堂。以强大的威尼斯海军作为后盾，从东方抢夺过来的物品也频繁地使用在其建筑上。

弗拉里教堂，威尼斯，意大利
1250—1338年

圣马可广场大教堂，威尼斯，意大利
约1063年开始建造

世俗哥特式

地区： 欧洲，尤其是北部地区

时期： 12—15世纪

特征： 木制天花；柱廊；塔和角楼；不规则的平面；凸窗；（伪）城垛

哥特式在各个时期的应用都不局限于教堂建筑。庄园、宫殿特别是商所和市政厅都采用了哥特式风格，这些建筑宏伟而有创新，在手法运用方面相对于教会建筑通常有非常明显的区别。这些世俗建筑类型的需求在很大程度上取决于中世纪的社会和经济结构。当社会变得越来越安全的时候，贵族们逐渐从潮湿的、不舒服的防御堡垒（城堡）中走出来，选择在居民区中定居。于是在建筑类型学上一系列新型的建筑便出现了：英国的庄园（manor-house），法国的府邸（château）和德国的城堡（schloss）。这些建筑普遍借鉴和吸纳了教会哥特式的元素，同时在表达形式上又创造出许多新的可能性。在教会哥特式与世俗哥特式之间，一个直接的联系纽带是私人小教堂的出现，这对于新类型建筑的产生起到了不可忽视的作用。

在英国，庄园建筑是由庄园里宏伟的大厅而定义的，大厅往往是管理周边地区的世俗政治活动中心。大厅有着非常多的用途：家庭共进晚餐的地方；庄主会见并接待客人的地方；甚至是一些仆人睡觉的地方。在庄园的所有位置中，通常私人教堂与大厅里的建筑与纹章的陈设最为华丽、昂贵。巨大的壁炉、木制的栅栏，配上大型的木制天花板，显示出中世纪最出色的手艺与技巧。

国际贸易的出现也是一个在中世纪起着决定性作用的因素，于建筑风格的发展而言，商品的交换促进了建筑思想的传播，促使哥特式发展并成为一个真正的国际风格。贸易也引发了用建筑形式来表达商业力量崛起的风潮，新兴的交易所、商所、市政厅——这些建筑同时也是广大民众反对教会权威的象征。这些新型建筑的灵感来自教会建筑与市民建筑的结合。如仿照大教堂，许多在英国、南欧国家和汉萨同盟（德国北部城市的商业协会）的交易所、大厅四周都设置了拱廊，为货币和商品的交换提供了商业空间。而在建筑内部，则不需要极大的高度，天花板通常是木制的，有时会结合砌块，如伦敦的市政厅。

木制天花

哥特式大教堂的特点是几乎完全使用砌体建造拱顶天花板，然而这种情况在世俗哥特式建筑中是非常罕见的，后者更倾向于将非常华丽的木骨架天花结合到室内空间中。在英国，这方面最著名的例子是伦敦的中殿律师学院（Middle Temple Hall）宏伟的木悬臂托梁天花顶。

中殿律师学院，伦敦，英国
1562年开始建造

柱廊

伊普尔的布厅（The cloth hall in Ypres）因其大型的柱廊而引人瞩目。柱廊根据新型商业建筑的功能需求量身定制，这个标志性的符号使新型建筑与大教堂建筑建立起联系的纽带，同时获得某种精神上的力量。

布厅，伊普尔，比利时
始建于1202—1304年，重建于1933—1967年

塔和角楼

许多世俗哥特式建筑担负着重要的城市功能，并且通常是展现一个城镇现状与雄心的象征性建筑。而高塔、角楼、钟楼、钟或楼梯的装饰保证了建筑具有非常高的可视性、观赏性，使建筑主导着周边的区域。

市政厅，布鲁日，比利时
1376—1420年

不规则的平面

哥特式大教堂对称的十字形平面来源于特定的教会礼仪的需求，也明显地包含着拉丁十字架的象征意义。然而，许多世俗哥特式建筑已经降低了对对称平面的需求，设计师们似乎很少关注平面的对称性，对他们来说，比例和装饰才是更重要的。

彭斯赫斯特庄园，肯特郡，英国
1341年开始建造

凸窗

凸窗因牛津大学的奥里尔学院 ——"凸窗学院"（Oriel College）而得名，凸窗伸出在二层以上的某一层或多层，不会延伸到一层。凸窗与立面窗（伸出的窗口到达一楼）都是频繁出现在世俗哥特式建筑中的特征性符号，尤其常见于英国的垂直式风格建筑中。

（伪）城垛

英国庄园、法国府邸和德国城堡这些新型建筑的出现来源于对防卫需求的降低。然而，具有历史意义的象征着力量与防御的标志物——如城垛——并没有被人们遗忘，这些建筑符号作为装饰元素经常出现在建筑中。

奥里尔学院前院，牛津大学，英国
1620—1622年

阿泽勒丽多城堡，卢瓦尔谷，法国
1518—1527年

城堡

地区： 欧洲
时期： 12—15世纪
特征： 城垛；门楼；瞭望塔；棱堡；主塔或主楼；同心城墙

城堡是领主或贵族们用堡垒强化的住所。最早的堡垒是用木头建造的，通常放置在大型土方工事上。这种工程方法的起源非常久远，当人类文明开始积累出足以值得去保护的财富的时候，最初形式的堡垒便出现了。中世纪的城堡既是住宅也是堡垒，是一种新的建筑类型，并且与（欧洲）封建制度的形成密不可分。随着国王们把权力下放到了地方，地方上的领主和公爵便产生了对安全坚固而又令人敬畏的建筑形式的需求，城堡有助于领主和贵族们维护他们的权力。

第一批封建城堡的类型是城郭式城堡：方形主楼或主楼坐落在一大块地坪（护堤）之上，是城堡的行政中心，包含大厅、教堂、领主的住所，因此也是戒备最森严的部分。护堤下面的外围部分是城郭，这是一个大面积的封闭区域，周围设置桩入地面的篱笆或栅栏（后来发展成为一堵石墙），沿着城郭外围挖出壕沟。城郭里有马厩、兵营、工坊、灶间和其他所需的用来维持城堡正常运转的服务性建筑。

从12世纪末开始的十字军东征从根本上改变了城堡的设计。欧洲的城堡从撒拉森（Saracen）建筑中获得了灵感，于是更为坚固的城堡类型产生了，开始采用一系列多重同心城墙形式来建造，这样做大大降低了主楼在防御方面对城郭的依赖，随着之后的发展，城郭的设计最终消失了。由英格兰国王理查一世（约1189—1199年在位）即阿基坦公爵始建于1196年的法国加亚尔城堡或为其中一例。

对称成为城堡设计中一个非常重要的考虑因素，城堡的总平面设计得非常规整，多层且同心的城墙上均匀地间隔布置塔楼与棱堡。由神圣罗马帝国腓特烈二世（1215—1250年在位）建造的德尔蒙特城堡，是13世纪中叶意大利南部建造的诸多城堡中最完善的例子，其八角形的平面或许是来源于古罗马的先例，并且也受到了同时期哥特式的影响。

同心城墙城堡的发展演变出了自身的一些特征，如圆塔不容易遭受攻击。然而，火药的出现，尤其是15世纪中期重型加农炮的诞生，标志着城堡时代的终结。新一代的能更好抵抗炮火的永久性工事担负起防御的主要角色，而城堡只保留它们的象征意义，屹立至今。

城垛

为城堡配备的防御设施的形式是丰富多样的。呈锯齿状间隔规律的、突出在城墙上的城垛，是城堡最突出的特征。城垛的设计经常会与堞口结合起来：在城垛的托臂之间的楼板上开洞，防守的时候可以向城堡下的攻击者抛掷重物或抛洒液体。

西尔米奥奈城堡，布雷西亚，意大利
13世纪

门楼

门楼通常是进出城堡的通道。通道在城堡的防御中是一个明显较弱的点，所以门楼的位置通常会配备城垛、一道或多道铁闸门及吊桥用以加强防御。一些城堡还建造有外堡，可以把攻击者困在主门楼与次门楼之间的区域中。

基德韦利城堡，卡马森郡，威尔士，英国
1200年开始建造

瞭望塔

城堡在本质上也是一个矮胖的塔，瞭望塔在同心城墙城堡中非常重要，它可以及时发现防守中存在的弱点，为城堡提供周围地区广阔的视野，以便及早发现迎面而来的攻击者，并迅速以箭矢和其他投掷物回击敌人。

德尔蒙特城堡，阿普利亚，意大利
13世纪40年代

棱堡

过长的平面城墙更容易受到攻击或遭到破坏，因为进攻者们清楚他们只能从正面被击退。因此平面的城墙经常会安插以棱堡——从城墙平面突出的结构类似于塔的防御设施，使得防守方可以从侧面对进攻者发动攻击。

防御壁垒，艾格-莫尔特，卡马格岛，法国
1289年开始建造

主塔或主楼

在城郭式城堡和早期同心城墙城堡时期，主塔或主楼是城堡中戒备最森严的一个部分。主塔包含了领主的住所，同时也是城堡与周边地区行政活动的中心。

主塔，诺维奇城堡，诺福克，英国
1095年开始建造

同心城墙

同心城墙城堡降低了对主楼的关注，转而关注更加有战术性的防御形式。防御部队可以更自由地在城堡上移动，使好不容易打破了外环城墙的攻击者不得不接下来应对第二环更高的城墙，直至完全占领城堡。

骑士城堡，叙利亚
12世纪40年代开始建造

文艺复兴与手法主义

14世纪诗人和古典学者彼特拉克第一个把罗马帝国衰落之后的时期描述为"黑暗时代",其标志是文化与知识的衰退。与教会宣传的古典时期是异教与蛮荒的时代相反,彼特拉克从古典文化成就中发掘出了巨大的价值,这主要归功于他对幸存下来的古典文献的研究。一方面,中世纪的经院哲学认为真理是上帝决定的,从而为教会赋予了巨大的权威,学习知识只是接近上帝的一种工具。而另一方面,因深受人文主义思想的影响,彼特拉克认为学习的价值是为了丰富人的内心。

重生

文艺复兴——代表社会文化的艺术、建筑、文学回归到对古典时代的重现——与人文主义思想的出现和发展密不可分。对古典文化的研究之所以重生,其核心是主张以人为本的思想,打破教条主义的禁锢,不仅是在学习知识的领域,在社会关系上也是如此。古典文化即使在漫长的中世纪时期也没有被人们彻底遗忘,特别是在意大利,触目所及的古典时代的废墟时常勾起人们回忆过往。然而,古典文献研究的大门还局限于只能对受教育的精英阶层打开,而人文主义思想的广泛传播——包括诗歌、哲学、论述——被公认为是社会思想变迁的一个重要的标志。人文主义思想发展的中心在意大利的几个城邦,在这里艺术和建筑被认为是"自由学科",而艺术家与建筑师也经常出现在富商的社交圈中。

莱昂·巴蒂斯塔·阿尔贝蒂

意大利早期文艺复兴的关键人物是莱昂·巴蒂斯塔·阿尔贝蒂(Leon Battista Alberti,1404—1472年)。阿尔贝蒂的《论绘画》(On Painting,1435年)和《论建筑》(On the Art of Building,1454年)可以说是文艺复兴时期在艺术和建筑这两个领域中最重要的两本著作。阿尔贝蒂首次清晰地阐明了著名的直线透视法则,然后这一法则被画家如马萨乔(Masaccio)和不久之后的皮耶罗·德拉·弗朗西斯卡(Piero della Francesca)所发展。建筑师兼金匠的菲利普·布鲁内莱斯基(Filippo Brunelleschi,1377—1446年)的作品从透视法则中获益匪浅。透视画法的发明使艺术家可以通过运用相交在同一个灭点的直线,创造出视觉上的深度感。这种近似于科学的方法,对于把绘画建立成为一门追求客观知识的学科极其重要,同时也反映了一种广泛的对本质上是柏拉图主义形式的兴趣,这一点在阿尔贝蒂的建筑著作中有所论述。

阿尔贝蒂的著作有意识地参考了在当时刚刚被世人重新发掘出来的古罗马建筑师维特鲁威(Vitruvius,活跃于公元前46—公元前30年)的著作——《建筑十书》。阿尔贝蒂对于柱式的阐述着眼于其在整体比例系统中扮演的角色,并且认为建筑与绘画一样,是以几何学作为基础。阿尔贝蒂认为圆形来源于自然界,是最完美的形式,在著名的莱奥纳多·达·芬奇创作的《维特鲁威人》(Vitruvian Man,约1490年)中也展示了相同的理念。而建筑的几何学基础——阿尔贝蒂提出——可以完美地体现在集中式的建筑平面中。集中式为阿尔贝蒂的理想赋予了美学形式,在集中式布局中,和谐与统一被推向极致,以至于添加、减少或改变任何一个局部都会降低整体的完美性。

在阿尔贝蒂的作品中,最接近他理想的是位于意大利曼图亚的圣塞巴斯蒂亚诺教堂(S. Sebastiano);然而,文艺复兴的观念需要与宗教礼仪的要求相协调,这种需求反映在这座建筑的设计中——这个问题正在引起文艺复兴时期建筑师们的关注。事实上,随着文艺复兴运动的发展,建筑的法则越来越趋向于固定化,很快地,建筑师开始不停地复制这些法则,这预示着被称为"手法主义"风格的形成,与此同时,文艺复兴思想不断传播,尤其在北欧得到了充分发展,被采纳并适用于当地的背景与传统。

早期文艺复兴

盛期文艺复兴

北欧文艺复兴

手法主义

早期文艺复兴

地区： 意大利，尤其是佛罗伦萨
时期： 15世纪
特征： 集中式平面；模仿古代；创新；空间的和谐；立面比例；精致

佛罗伦萨的老教堂已经摇摇欲坠，重建工作从1296年便开始了。经历整个14世纪，很多艺术家，包括画家乔托（Giotto）都被任命到项目中，随着工作的进展，教堂的设计在原有的基础上扩大了几倍。一直到1418年，大教堂大部分的施工已经完成，只剩下了巨大的跨度42米的十字交叉部位没有建造顶盖。这将是一座巨大的穹顶，为此建设方组织了一场竞赛来寻找最佳解决方案。参加竞赛的最著名的两个设计师分别是菲利普·布鲁内莱斯基和洛伦佐·吉贝尔蒂（Lorenzo Ghiberti）。几年之前，吉贝尔蒂曾经在佛罗伦萨洗礼堂青铜门的设计竞赛中战胜过布鲁内莱斯基。然而这一回经过多次的角逐，布鲁内莱斯基最终获得了胜利，被委任成为这座后来被称为早期文艺复兴最经典的建筑作品的设计者。

由于此前的建造者已经决定放弃使用哥特式的飞扶壁设计，因此布鲁内莱斯基不得不回到古罗马的建筑中寻找灵感，这是一个决定性的突破，标志着建筑在风格上与以往的哥特式开始决裂。2世纪的罗马万神殿（见14页）明显是一个布鲁内莱斯基可以模仿的对象，但是万神殿是一个圆形的穹顶，而不是佛罗伦萨大教堂所需要的八角形；同时，万神殿是用混凝土建造的，制造混凝土的配方当时也失传了。此外，考虑到佛罗伦萨大教堂穹顶的巨大规模，如果在施工中搭建临时支架作为支撑，恐怕难以承受穹顶的重量，所以穹顶必须从一开始就得是自承重的。布鲁内莱斯基在八角形的每个角支起了一根起支持作用的肋架，然后设计出如何把穹顶的自身重量传递下来的方案：这是一个非常巧妙的设计，自承重的鱼骨形的建造样式使砖块在砌筑的同时可以把自身的重量传递下去。

虽然布鲁内莱斯基设计的穹顶肋架在外观上稍微有一点哥特式的特征，然而在精神上、追求上和对古代建筑公开的模仿上，都决定着这座穹顶完全是文艺复兴的产物。布鲁内莱斯基设计的其他建筑中也表现出了对古代建筑的模仿。而在佛罗伦萨1421年开始建造的育婴堂（Ospedale degli Innocenti）的一个立面上，他的设计体现了明显的古典语言：细长的科林斯柱式上带山花的窗口与拱形的柱廊开口相协调，拱肩上是安德烈亚·德拉·罗比亚（Andrea della Robbia）创作的描述弃儿形象的圆形雕饰。在佛罗伦萨，第一批令人信服地使用了古典形式的建筑物为之后的几十年中一系列重要的建筑作品的产生铺平了道路。

集中式平面

意大利文艺复兴早期出现了第一批尝试性的新柏拉图主义的集中式平面建筑。布鲁内莱斯基设计的天使圣玛利亚教堂于1434年开始建造，但之后并没有完成。米开罗佐（Michelozzo）设计的始建于1444年的佛罗伦萨圣母领报教堂的东部是一个完整的例子。老朱利亚诺·达·桑加罗（Giuliano da Sangallo the Elder）设计的卡瑟利圣玛利亚教堂（S. Maria delle Carceri）是早期该建筑形式最完美的例子。

模仿古代

在里米尼的马拉泰斯蒂亚诺教堂（Tempio Malatestiano in Rimini）中，阿尔贝蒂尝试将古罗马的"凯旋门母题"的灵感用于教堂建筑中。不久之后，在曼图亚的圣安德烈大教堂中，阿尔贝蒂在设计中成功地融入了许多古罗马风格的特征，尤其是筒形方格嵌板穹顶的采用，使教堂本质上的纵向的空间与理想中的集中的空间相协调。

老朱利亚诺·达·桑加罗，卡瑟利圣玛利亚教堂，
普拉托，意大利
1486—1495年

莱昂·巴蒂斯塔·阿尔贝蒂，圣安德烈大教堂，
曼图亚，意大利
1470年开始建造

创新

布鲁内莱斯基设计的穹顶使佛罗伦萨成为文艺复兴发源地的象征。15世纪初诞生于佛罗伦萨的发明创新的精神是其政治、社会、金融共同作用的产物，而更为重要的是一大批热衷于人文主义的赞助者的出现，例如著名的科西莫·德·美第奇（Cosimo de' Medici），他委托建造了很多这个时期伟大的艺术作品。

布鲁内莱斯基，圣母百花大教堂（佛罗伦萨大教堂）的穹顶，佛罗伦萨，意大利
1420—1436年

空间的和谐

在布鲁内莱斯基设计的圣斯皮里托大教堂（S. Spirito）中，平面的屋顶和拱形的窗户的造型隐约地取自罗马式风格。然而室内的拱廊和体量是建立在对古典建筑空间与和谐的深刻理解之上的。中殿的高度是宽度的两倍，在体量上可以精确地分割成四又二分之一个立方体。首层与高侧窗层具有完全相等的高度。

布鲁内莱斯基，圣斯皮里托大教堂，佛罗伦萨，意大利
1436年开始建造

立面比例

在阿尔贝蒂设计的鲁切拉宫中，协调的比例系统与柱式的运用结合在一起，首层为多利安式的壁柱，二层为爱奥尼式的壁柱，三层为科林斯式的壁柱。重复排列的窗户的框架，给整个立面以秩序感，阿尔贝蒂把这一原则也运用到佛罗伦萨的圣玛利亚大教堂的立面中。

莱昂·巴蒂斯塔·阿尔贝蒂，鲁切拉宫，佛罗伦萨，意大利
1446年开始建造

精致

与外立面极其粗糙的石材和几乎是堡垒一样的外观相比——安全性是非常必要的，尤其对于如此富有且具有争议的人物科西莫·美第奇而言——米开罗佐设计的美第奇府邸的内院却是明亮与通透的。细长的列柱属于文艺复兴早期的特征，使人联想起布鲁内莱斯基设计的育婴堂，以及更早的佛罗伦萨的建筑，如罗马式的圣米尼亚托教堂（S. Miniato，建于1062—1090年）。

米开罗佐，美第奇府邸的庭院，佛罗伦萨，意大利
1445—1460年

盛期文艺复兴

地区： 意大利

时期： 16世纪

特征： 集中式平面；立面立体感；透视技巧；模仿古代；纪念性建筑；气派庄严

开始建造于1486年的一个特别的建筑——罗马的坎榭列利亚宫（Palazzo della Cancelleria in Rome），引导了从早期文艺复兴向盛期文艺复兴的转变。坎榭列利亚宫的设计者引入了阿尔贝蒂的建筑风格，并且在表达形式上超越了阿尔贝蒂的鲁切拉宫。坎榭列利亚宫的首层除去了通常在粗面石砌墙面上设置的柱式；上面楼层的立面以壁柱为框架，在壁柱之间的位置添加窗户，但是在节奏韵律的处理上并不像鲁切拉宫那样简单，中间有窗的两个壁柱的间距比中间无窗的两个壁柱的间距要大，这使得坎榭列利亚宫的外观更加气派庄严。建筑两端的开间略微突出，立面优雅收尾，气派的感觉进一步得以强调。立面中所有部件之间都有着自身清晰的相互连贯的机制：如窗户并不是简单地位于下面的挑檐之上，而是在壁柱的底层上设计了基石。

坎榭列利亚宫是为红衣主教拉斐尔·拉里奥而建造的，他是罗马教皇西克斯图斯四世（Pope Sixtus IV）的侄子，这座建筑宣告着罗马开始成为文艺复兴盛期的中心。到了教皇尤利乌斯二世（Pope Julius II）——西克斯图斯四世的另一个侄子——的执政时期，整个文艺复兴时期最经典的建筑工程——圣彼得（St. Peter's）大教堂的重建开始了。在16世纪初的时候，圣彼得大教堂本质上仍是由君士坦丁在4世纪早期建造的巴西利卡式的教堂，并且在加速坍塌中。1506年，尤利乌斯二世委托多纳托·伯拉孟特（Donato Bramante，1444—1514年）重建大教堂，使之适应新的时代。

伯拉孟特出生在乌尔比诺，他与许多罗马文艺复兴的领袖人物包括拉斐尔（Raphae，1483—1520年）和米开朗琪罗（Michelangelo，1475—1564年）——之后他们也都参与了圣彼得大教堂的建造——一样，在抵达这座永恒之城之前，曾经在很多地方工作过。著名的圣彼得大教堂的设计为一个巨大的集中式平面结构，而不是传统的纵向平面结构，暗示着人文主义的气息已经弥漫在整个教堂中。半球形的穹顶立在四个完全相同的对称性和几何比例上都设计得非常完美的柱墩上。伯拉孟特设计的穹顶在很大程度上参考了万神殿（见14页），反映了当时的建筑师从古代建筑中吸取灵感的思潮越发有生命力，不再偏重于把理论实现得精巧细致，气派与庄严成为建筑师看重的首要因素。

集中式平面

意大利文艺复兴早期已经出现集中式平面（见55页），艺术家和建筑师们如达·芬奇在图纸与实践中尝试了集中式平面的使用，然而，使集中式平面达到了完美效果的则是文艺复兴盛期伯拉孟特设计并建造的著名的蒙托里奥的坦比哀多教堂（Tempietto of S. Pietro in Montorio），教堂的位置正是当年彼得受难的地方。在这里，伯拉孟特设计了一套比例系统，统御了整个结构和体积，这套原则也被发展并运用在圣彼得大教堂的设计中。

多纳托·伯拉孟特，坦比哀多教堂，蒙托里奥，罗马，意大利
1502年

立面立体感

早些时候府邸的立面——除了在建筑的关节部位——基本上被作为一个平面来处理或做成浅浮雕。卡法雷利宫（Vidoni Caffarelli）的墙面被设计成具有立体感的效果。壁柱被除去了，取而代之以放在一起的双柱、双柱的柱基与窗前小阳台交替出现，而首层的粗面石砌也体现出了一种雕塑感。

拉斐尔，卡法雷利宫，罗马，意大利
约1515—1520年

透视技巧

伯拉孟特早期在米兰的圣萨蒂罗的圣玛利亚教堂（S. Maria presso S. Satiro）的设计上显然是受到阿尔贝蒂设计的曼图亚的圣安德烈大教堂（见55页）的启发。在这座教堂的建设中，伯拉孟特很有可能在工程的初期便对平面的形式进行了深入研究，由于教堂内没有空间布置圣坛，伯拉孟特凭借对透视知识的了解，在立面上用油画画出了逐渐递减的筒形方格嵌板穹顶和列柱，创造出了圣坛的空间幻觉。

模仿古代

拉斐尔受红衣主教朱利奥·德·美第奇（Giulio de' Medici）——后来的教皇克雷芒七世（Pope Clement VII）委托建造玛达玛庄园（Villa Madama），庄园以及四周的庭院的设计受到了古罗马特别是在卡拉卡拉浴场的启发。而庄园的室内装饰，由朱利奥·罗马诺（Gioulio Romano）、巴尔达萨雷·佩鲁齐（Baldassare Peruzzi）和乔凡尼·达·乌迪内（Giovanni da Udine）参考古罗马皇帝尼禄在1世纪建造的金宫废墟中幸存的碎片进行创作。

圣玛利亚教堂，圣萨蒂罗，米兰，意大利
1478—1486年

拉斐尔，玛达玛庄园，罗马郊外，意大利
1518—1525年

纪念性建筑

圣洛伦佐教堂（S. Lorenzo）的新圣器室作为米开朗琪罗最初的建筑设计作品之一，是由美第奇家族委托建造并作为家族专用的纪念教堂（陵墓）。米开朗琪罗创造了一个高度严谨的空间，顶部是方格镶嵌的穹隅圆顶，他同时设计、雕刻了富有寓意的纪念雕像，这些设计的整体效果用以表现美第奇家族永恒的力量。

米开朗琪罗，圣洛伦佐教堂的新圣器室，佛罗伦萨，意大利
1520—1524年

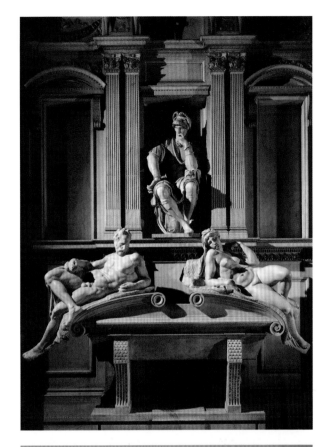

气派庄严

1534年由小安东尼奥·达·桑加罗（Antonio da Sangallo the younger, 1483—1546年）重新设计的气派庄严的法尔尼斯宫（Palazzo Farnese）象征着罗马文艺复兴盛期的开始。立面上，去掉了建筑四角边缘，去掉了通常用于首层的粗石砌筑面，二层的窗户上面交替地放置了三角形与圆弧形的山墙饰（罗马风格的元素）。手法主义风格厚重的檐口、庭院的上层都是后来由米开朗琪罗添加上去的。

小安东尼奥·达·桑加罗，法尔尼斯宫，罗马，意大利
1534—1546年

北欧文艺复兴

地区： 法国、荷兰、英国、德国和东欧
时期： 16世纪
特征： 地方传统；对称性；中世纪平面；活跃的天际线；象征符号；原真性

15世纪印刷术的出现使得建筑思想的传播比以往更广泛、更迅速。在北欧最具影响力的建筑专著是《建筑与透视学著作全集》（*Tutte l' opere d'architettura, et prospetiva*），作者塞巴斯蒂亚诺·赛里奥（Sebastiano Serlio, 1475—1554年）出生在博洛尼亚（Bologna），起初被培养成为一名画家。赛里奥曾与巴尔达萨雷·佩鲁齐在罗马共事。1527年，罗马被反叛的神圣罗马帝国皇帝的军队所洗劫，赛里奥逃到了威尼斯，并且留了下来，一直到1540年他被弗朗西斯一世（Francis I, 1515—1547年在位）请到法国的枫丹白露（Fontainebleau），协助建设这座伟大的宫殿。枫丹白露的金门（Porte Dorée）是留存下来的唯一明确的由赛里奥设计的建筑作品。他最持久的影响在于他的著作，于1537—1575年发表，书中着眼于从实践方面而不是从理论方面介绍有关文艺复兴时期的建筑，书中的大量插图包括第一次对有关五种柱式的描绘，也为后人提供了确切的可以复制的模型。

尽管对文艺复兴的思想越来越熟悉——例如法国的三个建筑师：菲利贝·德·洛尔姆（Philibert del' Orme）、让·布兰（Jean Bullant）和皮埃尔·莱斯科（Pierre Lescot）都在16世纪30年代访问了罗马，然而，16世纪的大部分时间，北部欧洲对于古典形式、手法的引入还停留在象征符号的层面。古典的建筑构件通常是为了增强而不是取代已经建立了的建筑语言，而古典建筑根本的形式原则在很大程度上被回避掉了，建筑平面则继续沿用传统的形式。这一时期对于古典建筑的尝试往往局限于葬礼的纪念性建筑，或者对既有建筑的局部增建，如由布兰设计的埃库昂城堡（Château at Écouen）的门楼（约1555年建造）；莱斯科在巴黎卢浮宫的作品；第一批在16世纪中期的欧洲北部出现的用古典建筑手法设计立面，用原有的传统元素进行装饰的建筑。

法国与荷兰的实例对英国伊丽莎白一世（Elizabeth I）统治时期（1558—1603年）建造的众多伟大建筑产生着巨大的影响。这些被人们所惊叹的建筑，如剑桥郡（Cambridgeshire）的伯利庄园（Burghley House）、威尔特郡的朗利特庄园（Longleat House）、德比郡的哈德维克庄园（Hardwick Hall）都是对称的，尽管某些情况下在平面上有了很大的创新，在古典装饰的运用上相对正确，然而这些建筑却保持了很强的对英国传统的垂直式建筑的延续性；事实上，无论是在精神上还是在外表上，相对于意大利的古典原型，它们反而与100年前的英国建筑有着更多的共同点。直到17世纪的早期，伊尼戈·琼斯（Inigo Jones, 1573—1652年）作品的出现，成为英国第一座真正意义上的意大利风格的古典形式的建筑。

地方传统

赛里奥的安西勒弗朗城堡（Château d'Ancy-le-Franc）既反映了文艺复兴时期的原则又遵照了当地的传统。建筑的立面与角楼是朴素的、古典风格的，运用壁柱建立起立面的秩序感。然而，陡峭的坡屋顶、老虎窗、尖塔一样的角楼顶，使建筑的外观仍然保持着法兰西建筑的传统。

安西勒弗朗城堡，赛里奥，勃艮第，法国
1544—1550年

对称性

在中世纪中部的国家中，建筑整体的对称性很少被认为是重要的，大部分建筑的建造方式是添加性的和零散性的。然而，受到文艺复兴建筑布局原则的影响，建筑的对称性变得越来越重要，成为指导性的原则，例如哈德维克庄园，尽管这座建筑的细部处理还在古典式与哥特式之间摇摆不定。

罗伯特·史密森，哈德维克庄园，德比郡，英国
1590—1597年

中世纪平面

作为手法主义时期最宏伟的英国建筑之一，卡比庄园（Kirby Hall）基本上遵循了中世纪建筑的平面特征，大厅是建筑的焦点，周围辅以庭院及连续布置的房间。而建筑的基调是带有古典主义特征的，巨大的壁柱衍生自米开朗琪罗的作品，这些符号性的立面装饰使其区别于传统的建筑。

托马斯·索普，卡比庄园，北安普敦郡，英国
1570—1572年

活跃的天际线

香波堡（Château de Chambord）的平面中有许多巨大的圆形角楼，表面看上去更类似于一座城堡。然而，在立面中的这些塔楼上又切凿出了巨大的窗户，表面以壁柱进行装饰。建筑的天际线上，尤其是中央部分，各式各样的塔与塔楼竞相耸立，这座建筑总体是哥特式的，而表面覆盖的却是各种各样的古典主义风格的装饰。

多米尼克·科托纳，香波堡，卢瓦尔河河畔，法国
1519—1547年

象征符号

在新兴的非传统类型的建筑中，石匠们通常以建筑书籍中提供的样式为原型，尝试着创造出一些新颖的古典主义风格的装饰。例如在安特卫普的市政厅（Stadhuis in Antwerp）中，古典的柱式以象征符号的方式被引用，只对这些新型的建筑类型起到装饰的作用，而对建筑的平面并不起关键性的作用。

科内立斯，市政厅，安特卫普，比利时
1561—1565年

原真性

在北部欧洲地区，起初产生了一部分认同早期文艺复兴时期思想的赞助人；亨利七世（Henry VII）在伦敦威斯敏斯特大教堂的陵墓，就是由著名的雕塑家彼埃特罗·托利贾尼（Pietro Torrigiano）设计的——他以在佛罗伦萨的时候打破了同为学徒的米开朗琪罗的鼻子而闻名。直到伊尼戈·琼斯的出现，意大利的古典风格建筑才开始在英国占有一席之地。伊尼戈·琼斯设计了伦敦宴会厅（Banqueting House），并且希望这座建筑可以作为古典风格的"种子"，这预示了后来的白厅宫（Whitehall Palace）的出现。

伊尼戈·琼斯，宴会厅，伦敦，英国
1619—1622年

手法主义

地区： 意大利和西班牙
时期： 16世纪中后期
特征： 朴素；起伏的立面；实与虚；不同的节奏；模糊性；宗教虔诚

《艺术家的生活》的第一版发表于1550年，作者是画家、建筑师和作家乔尔乔·瓦萨里（Giorgio Vasari，1511—1574年），这是最早的以文艺复兴的角度描述15—16世纪的艺术成就的著作之一。这本书于1568年修订并再版，用图画描述了艺术从13世纪佛罗伦萨画家契马布埃（Cimabue）到16世纪早期以达·芬奇、拉斐尔和米开朗琪罗为代表的黄金时代发展的历程。瓦萨里在文中这样描述：达·芬奇所创造的美，"灵感与其说来源于人体本身，不如说来源于上帝"；而拉斐尔创造的美"则是因为大自然所赋予世界万物的善良和质朴，被如此杰出的人所发现"；而对于天才的米开朗琪罗，瓦萨里则认为他已经超越大自然所能提供的美，实际上，只有上帝才能派出这样一个艺术家，"他精通各种技艺……在建筑方面，他创造的建筑舒适、安全，视觉上令人愉快，比例匀称、装饰华丽"。

面对前人已有的大规模的艺术成就，加之古典艺术的系统和理论已经随着众多著作的出现而被形式化了，建筑师们越来越有意识地去寻求改变或打破现有的规则，他们所创造出的建筑风格被称为"手法主义"。手法主义最初的迹象出现在米开朗琪罗设计的佛罗伦萨的劳伦齐阿纳图书馆（Biblioteca Laurenziana）中，这个奇异的、令人烦躁不安的作品可以说拉开了手法主义风格的序幕。米开朗琪罗的手法主义明显地体现在了他对圣彼得大教堂的设计中——他于1546年被教皇保罗三世任命并接手了这座重建被屡次拖延的教堂。米开朗琪罗回到伯拉孟特最初的设计，而在这之前的时间里，拉斐尔、佩鲁齐和桑加罗陆续对教堂进行了扩建。米开朗琪罗简化了伯拉孟特的平面，中央的四个柱子被大幅增大，达到了非常宏伟的尺度，辐射状的次级中心被消除了，以便营造出单个的、宏大的空间。楼梯间被放置在十字交叉平面两翼的转角处，创造出了起伏的外墙面，并且通过朝向相反角度的叠壁柱来强调。沉重的阁楼层内部是众多小房间的集合，外表面开启了椭圆形的窗口，并配以精心设计的"遮檐板"，为了把人的视线直接吸引到上方的穹顶而取消了檐口的设计——这是一种极其自主的、典型的手法主义的叙述方式。

朴素

手法主义并没有局限于意大利。西班牙马德里市郊的埃尔·埃斯科里亚（El Escorial）宫殿建筑群，由西班牙国王菲利普二世（1554—1598年在位）下令建造，建筑的形式参照了古典主义的原型，而外立面的设计是手法主义的风格，这样做既考虑了当地的石材不易于雕凿的特点，同时又追求一种具有古典风格的朴素精神，这被国王视为有助于表达其强烈的宗教信仰。

胡安·巴蒂斯塔、胡安·德·埃雷拉，埃尔·埃斯科里亚宫，马德里郊外，西班牙
1559—1584年

起伏的立面

由锡耶纳的建筑师佩鲁齐设计的马西莫柱宫（Palazzo Massimo alle Colone），比同在罗马的拉斐尔设计的具有立体感表面的文艺复兴盛期的卡法雷利宫（见59页）更进了一步。建筑的立面平滑而优雅，与首层幽暗的柱廊形成鲜明对比的是建筑外窗一圈看上去非常奇特的装饰，以一种不联系的方式削弱了粗石砌筑的墙面。

佩鲁齐，马西莫柱宫，罗马，意大利
1532—1536年

实与虚

安德里亚·帕拉第奥（Andrea Palladio，1508—1580年）是西方建筑史中最具影响力的建筑师之一，他发展出了非常个性化的手法主义风格。在基耶里凯蒂宫（Palazzo Chiericati）——帕拉第奥在维琴察建造的众多闻名的宫殿与别墅之一——的设计中，他创造性地使用罗马住宅中庭院柱廊的形式来处理建筑立面。实体与空洞交替出现的立面效果是手法主义的重要表达方式。

安德里亚·帕拉第奥，基耶里凯蒂宫，维琴察，意大利
1550年开始建造

不同的节奏

作为拉斐尔的学徒，朱里奥·罗马诺（Giulio Romano，1499—1546年）是手法主义的代表人物之一。受雇于曼图亚的贡扎加公爵，朱里奥·罗马诺完成了一些令人瞩目的作品。德泰宫（Palazzo del Te）是他最杰出的作品之一：在某种程度上不一致的甚至是相互矛盾的外立面节奏，与建筑内部复杂、精致而又虚幻的壁画装饰形成了暗示与呼应。

朱里奥·罗马诺，德泰宫，意大利
1525—1535年

模糊性

劳伦齐阿纳图书馆——米开朗琪罗继圣洛伦佐教堂的新圣器室之后的第二个建筑作品——正式地定义了手法主义的模糊性与暧昧性。建筑中有许多地方的设计都体现出了手法主义的意图，其中之一是前厅中反复出现的嵌入墙壁中的而不是贴在墙壁上的两个柱子，同时，柱子下面的托臂也在表面上增强了立面在结构受力上的不确定性。

宗教虔诚

在划时代的特伦托会议（Conncil of Trent）之前，基督教几个世纪以来都是反对宗教改革的，新耶稣教堂（Il Gesù church）体现了宗教改革运动首次在文化艺术方面的尝试。建筑平面重新回到了纵向的布局，遵循阿尔贝蒂式的柱廊作为偏殿的先例；而建筑的外立面，则或多或少像是把教堂中殿里带有壁龛的室内立面直接移到了室外。

米开朗琪罗，劳伦齐阿纳图书馆，佛罗伦萨，意大利
1524年

贾科莫·维尼奥拉、贾科莫·波尔塔，新耶稣教堂，罗马，意大利
1568—1584年

巴洛克与洛可可

巴洛克风格可以说是第一个真正的国际建筑风格。巴洛克风格最初出现在17世纪的罗马，然后传播到西班牙、法国、德国，之后到达英国、斯堪的纳维亚半岛、俄罗斯，最远甚至传播到了拉丁美洲。其表现形式会因为地域与建筑师的不同有所差异，然而幻觉效果与戏剧性被视为巴洛克风格一贯的主要特征。巴洛克风格在文艺复兴风格（见52页）所采用的古典建筑形式的基础之上进行了扩展，其特点是建筑中大胆而有力地采用了大规模的波浪流转的曲线；充满戏剧性效果的光影与形体；而华丽、浓重装饰的内部空间，模糊了建筑、绘画、雕塑之间的界限。

"巴洛克"一词来源于法语，本义是"畸形或异变的珍珠"。在巴洛克风格之后的一段时期内，这个称呼被许多学者使用，其中带有一种"被束缚着的美"的含义，这使得巴洛克艺术与建筑被认为是"堕落"的和不值得去研究的。19世纪具有影响力的历史文化学家雅各布·布克哈特（Jacob Burckhardt）认为，巴洛克风格所体现的是对文艺复兴时期的价值观的叛离。然而，正是雅各布·布克哈特的学生——著名的建筑历史学家海因里希·沃尔夫林，第一次给予了巴洛克风格在学术上的认真关注，他在对后世影响深远的《文艺复兴与巴洛克》（*Renaissance und Barock*，1888年）一书中探讨了巴洛克建筑与文艺复兴建筑之间存在的直接联系。

反宗教改革

虽然沃尔夫林公开宣称自己是一个纯粹的形式主义研究者，然而他也承认对于巴洛克风格的理解是不可能与其反宗教改革的历史背景相割裂开的。作为对于16世纪早期由马丁·路德领导的新教改革（Protestant Reformation）的直接回应——反宗教改革则试图通过巩固与重申天主教的基本宗旨，使罗马教廷重新获得至高无上的权威。在1545年第一次召集的特伦托会议上颁布的法令，对宗教形象与宗教艺术实施了严格的管控。宗教的复苏渗透到了建筑设计中，为后者注入了新的活力与信心，成为17世纪的许多教堂建筑的特点，这一点尤其体现在吉安·洛伦索·贝尔尼尼（Gian Lorenzo Bernini，1598—1680年）和弗朗切斯科·波洛米尼（Francesco Borromini，1599—1667年）的作品中。位于罗马的圣安德烈大教堂和四喷泉圣卡洛教堂（San Carlo alle Quattro Fontane），表达了对以上情绪的呼应。作为罗马天主教廷权力与威望最有效的视觉载体，这些建筑有着纯粹的比例、华丽的装饰，建筑、绘画、雕塑互相渗透、融合在一起。

国际巴洛克风格

巴洛克风格传遍了欧洲，并到达了新教地区，尤其是德国北部——马丁·路德领导的宗教起义的中心。然而在这里，巴洛克风格中的戏剧性却很少得到体现，与此形成鲜明对比的则是德国南部的代表华丽的波希米亚巴洛克风格的约翰·巴塔萨·纽曼（Johann Balthasar Neumann，1687—1753年）和约翰·伯恩哈德·菲金尔·冯·埃尔拉赫（Johann Bernhard Fischer von Erlach，1656—1723年）设计的建筑。由于新教并不热衷于建造专门的教堂，于是在欧洲的许多地方，作为权威象征的宫殿建筑使巴洛克风格达到了顶峰。

在信仰新教的英国——地域与宗教上都与欧洲大陆隔绝的地方，巴洛克风格有一段特殊的、短暂的发展时期。一些宏伟的建筑如霍华德庄园（北约克郡）、布莱尼姆宫（牛津郡），由约翰·范布勒（John Vanbrugh，1664—1726年）设计、克里斯托弗·雷恩（Christopher Wren，1632—1723年）的学生尼古拉斯·霍克斯穆尔（Nicholas Hawksmoor，1661—1736年）协助完成，在建筑尺度上借鉴了路易十四在巴黎附近建造的凡尔赛宫；然而，在建筑风格方面，则在一定程度上借鉴了专制主义建筑的手法，如16世纪意大利设计师安德里亚·帕拉第奥设计的别墅（见68页）；在建筑形式与体量的处理上，融合了当地中世纪和伊丽莎白时代的传统风格。霍克斯穆尔在伦敦建造的六座教堂建筑可以说是英国巴洛克风格的典范——六座由白色石材建造的"沉思"的建筑。

与之后的建筑历史学家们描述的一样，巴洛克风格的一个重要遗产是开始产生了把建筑当作"整体艺术品"（Gesamtkunstwerk）的理念。当巴洛克风格到达最后的、颠覆性的阶段——洛可可风格的时候，这种理念经常被设计者们所采用，使建筑装饰达到了极限。

意大利巴洛克风格

地区： 意大利
时期： 17—18世纪
特征： 倾斜的角度；椭圆；弯曲的立面；巨型柱式；建筑与雕塑的融合；错觉

米开朗琪罗设计的罗马圣彼得大教堂的圆顶第一次预示了巴洛克风格在意大利的产生。与早期伯拉孟特设计的半球形的穹顶（见58页）有所不同的是，米开朗琪罗设计了由卵形演变而来的穹顶。这个想法是否出自米开朗琪罗的原始设计，现如今还存在争议，因为直到米开朗琪罗去世的时候，穹顶也才仅仅施工到鼓座的高度，无论如何，这种更为陡峭、动态的穹顶形式，或多或少地在贾科莫·德拉·伯达（Giacomo della Porta, 约1533—1602年）监造的时期执行了下来，最终于1590年完成了，成为当时整个罗马最高的建筑物，并向世人宣告即将在下一个世纪中主导罗马——事实上是意大利的大部分城市——的新的建筑风格的诞生。

当时处于手法主义盛行的时期，米开朗琪罗的巴洛克风格尚属于特例。真正的巴洛克风格属于随后一代的建筑师们，贝尔尼尼和波洛米尼是其中的杰出者，同时也包括彼得罗·达·科尔托纳（Pietro da Cortona, 1596—1669年）——另一位罗马巴洛克风格的领军人物。在成名前，这几位建筑师都生活在罗马以外的地方，在职业生涯早期，在巴贝里尼宫（Palazzo Barberini）最初的建筑师卡洛·马代尔诺（Carlo Maderno, 约1556—1629年）离世之后不久，三个人都曾在这座建筑中一起工作过。然而，此后他们却成为彼此的竞争对手，尤其是贝尔尼尼和波洛米尼。

在作为一名建筑师的同时，贝尔尼尼也是一位伟大的巴洛克风格的雕刻家。与之相对的，波洛米尼则被培养成一个石匠，并以石匠的身份在圣彼得大教堂工作，此时的贝尔尼尼已经创造了他的一个伟大的杰作：位于米开朗琪罗设计的穹顶之下的巨大的四根铜柱支撑的青铜华盖（baldacchino）。贝尔尼尼把主管圣彼得大教堂建造的工作扩展到了教堂外前广场的纪念性柱廊，柱廊戏剧般地与马尼尔诺设计的教堂立面和米开朗琪罗设计的穹顶相协调。

相比前者，波洛米尼所创作的最伟大的作品四喷泉圣卡洛教堂在建筑规模上则小了很多。建筑波动起伏的外部立面预示着内部空间的复杂多变，波洛米尼运用静态的石材创造出了几乎可以让人触摸得到的流动的感觉。

巴洛克风格从罗马传播到意大利各地，特别是都灵，在那里，建筑师兼数学家加里诺·加里尼（Guarino Guarini, 1624—1683年）创造出了一些巴洛克风格最突出的表现形式，这些表现形式突出体现在圣洛伦佐教堂中与众不同的圆顶和克瑞里亚诺宫（Palazzo Corignano）的波动立面中。

倾斜的角度

倾斜的角度连同椭圆定义了巴洛克风格建筑的主要元素，这一点尤其体现在来自摩德纳省的加里诺·加里尼的建筑作品中。加里诺·加里尼是一位杰出的数学家，也是一位著名的建筑师，在他的很多作品中都渗透着对几何学的深刻理解，这其中最明显的例子是都灵的圣洛伦佐教堂中与众不同的圆顶设计。

加里诺·加里尼，圣洛伦佐教堂，都灵，意大利
1666—1680年

椭圆

如果说圆形的完美对称性浓缩了文艺复兴时期建筑的特点，那么椭圆则可以说是代表了巴洛克风格的主要特征。椭圆定义了在罗马的波波洛广场上的两座教堂——奇迹圣母教堂（Santa Maria dei Miracoli）和圣山圣母教堂（Santa Maria in Montesanto）。波洛米尼设计的圣卡洛教堂的穹顶和附近的贝尔尼尼设计的圣安德烈大教堂（Sant'Andrea al Quirinale）的穹顶，都是这些建筑作品中统一采用的元素。

弯曲的立面

戏剧性的效果是巴洛克风格的基本特征之一，而弯曲的立面则是实现这种效果的主要手段之一。其中彼得罗设计的圣玛利亚教堂（Sta. Maria della Pace）就有着最具巴洛克风格的外立面。立面中央部分的突出与两翼的凹进，是一种戏剧性的处理手法。

贝尔尼尼，圣安德烈大教堂，罗马，意大利
1658—1670年

彼得罗，圣玛利亚教堂，罗马，意大利
1656—1667年

巨型柱式

巨型柱式或壁柱通常指的是用以贯通建筑的两层或更多楼层的柱式或壁柱。巨型柱式具有强烈的象征意义和高度的表现力。贝尔尼尼在罗马圣彼得广场壮观的柱廊中运用了巨型柱式的手法，同时他在米开朗琪罗设计的穹顶下建造的壮丽的华盖中，效仿所罗门王的形制，设计了螺旋形的巨柱。

建筑与雕塑的融合

贝尔尼尼著名的雕塑作品《圣特雷萨的沉迷》（Ecstasy of St. Teresa）被放置于罗马维多利亚圣母堂（Sta. Maria della Vittoria）的柯尔纳罗小礼拜堂（Cornaro Chapel）中，雕塑前以弯曲的形式和大量的大理石材质勾勒出景框，使雕塑与观看者之间的界限变得更加复杂化了，引导观看者带着情感去欣赏更深处圣特雷萨在幻觉中显灵时奇异而神秘的瞬间景象——雕塑以如此精心的设计与建筑完美地结合在一起。

贝尔尼尼，圣彼得大教堂的华盖，罗马，意大利
1623—1634年

贝尔尼尼，《圣特雷萨的沉迷》，柯尔纳罗小礼拜堂，维多利亚圣母堂，罗马，意大利
1647—1652年

错觉

　　在贝尔尼尼设计的梵蒂冈与圣彼得大教堂之间的连廊（Scala Regia，1663—1666年）中，弥漫着一种空间的错觉感，在这块狭长平面中，贝尔尼尼创造出了动态的空间，流动的光影。巴洛克风格同时也经常会采用大量的图形错觉，例如安德烈·波佐（Andrea Pozzo，1642—1709年）在洛约拉的圣伊格内修斯大教堂中所作的壁画。

安德烈·波佐，圣伊格内修斯大教堂，洛约拉，罗马，意大利
1685年开始建造

德国与东欧巴洛克风格

地区： 德国和东欧

时期： 17—18世纪

特征： 意大利的影响；宫廷建筑；哥特式的影响；古典与宗教的结合；空间的复杂；洋葱形圆顶

在德国，"三十年战争"（The Thirty Years War，1618—1648年）起初主要发生在神圣罗马帝国疆域内，随后范围扩大到中欧和东欧的其他国家，这场战争推迟了巴洛克风格传播到这些地区的时间。建筑的发展在战争时期也几乎完全停滞了，直到17世纪下半叶才得到恢复。

此时的神圣罗马帝国实际上是众多领地的集合，这些领地分别由各式各样的政权如君王、领主、伯爵甚至是教会势力所统治。宗教分歧——实质上是罗马天主教徒与新教徒之间的分歧——引发了这场战争，同时也对巴洛克风格在德国的形成产生了很大的影响。众多的领地以及其统治制度和宗教信仰的多样性反映在了建筑的形式中，因此这一地区的巴洛克风格有着极为丰富的表达形式。

德国早期具有影响力的巴洛克风格由建筑师约翰·卢卡斯·冯·希尔德布兰特（Johann Lukas von Hildebrandt，1668—1745年）在维也纳为哈布斯堡王室建造的建筑中得到了发展。建筑师冯·埃尔拉赫受到了贝尔尼尼作品的启发，吸取了大波浪曲线的形式，用于满足哈布斯堡王室中神圣罗马帝国皇帝约瑟夫一世（1705—1711年在位）和他的弟弟查尔斯六世（1711—1740年在位）对建筑的要求，冯·埃尔拉赫为查尔斯六世建造了圣卡罗教堂（Karlskirche），这座建筑隐喻性地吸取了建筑史上多种经典风格，以令人振奋的方式表达出来。

甚至在帝国的同一个区域内，建筑之间的风格都会有很大的差异，例如巴伐利亚的建筑师阿萨姆兄弟（Asam brothers）和约翰·巴尔塔扎·诺依曼（Johann Balthasar Neumann）的建筑作品。阿萨姆兄弟起初是石匠，后来由雕塑家转变成为建筑师，同时也受到贝尔尼尼的影响，所以他们的建筑作品多以宏伟的雕塑装饰作为标志。相比之下，诺依曼则接受过高等教育，有着军事工程学的知识背景。他的代表作是班贝克附近的维森海里根教堂（Basilica of the Vierzehnheiligen）大厅的呈粉色与金色的室内设计，从创作的自由度上已经接近洛可可风格，而作品的天才之处还在于其对于几何图形的超凡表达。诺依曼对传统的"中殿—侧廊—翼部"空间进行了重构，转化成一系列相交的椭圆形空间，创造出了富有感性与激发灵感的空间特质。

同时，哥特式的特质也被注入到诺依曼的一些复杂的空间处理中。而在一些更为古怪的波希米亚巴洛克（Bohemian Baroque）风格的作品，尤其是扬·桑迪尼–艾希尔（Jan Santini-Aichel，1667—1723年）的一些作品中，哥特式的影响更加明显地体现了出来。同时从东欧建筑坚持采用的中世纪的洋葱形圆顶中也可寻见哥特式的影响。

意大利的影响

在意大利建筑师中，加里诺·加里尼对德国南部的巴洛克风格建筑的影响尤为明显；毫无疑问，都灵与德国地理位置的接近是一个重要的因素，加里诺·加里尼绝大部分知名的作品都在这座城市，同时这里也是建筑匠人们云集的中心，使得如此复杂的建筑视觉效果得以实现。贝尔尼尼与波洛米尼的作品也是德国建筑师重要的灵感来源，尤其是对德国巴伐利亚的阿萨姆兄弟而言。

埃吉德·基林·阿萨姆、科斯马斯·达米安·阿萨姆，修道院教堂，德国
1717—1721年

宫廷建筑

鉴于神圣罗马帝国内部的小王国数量众多，宫殿建筑成为巴洛克风格建筑师经常设计的建筑类型。在这些宫殿中，希尔德布兰特设计的维也纳的上宫是最令人叹服的例子，建筑的形体修长，立面被巨大的柱式与嵌壁的窗饰划分，手法处理的特点在很大程度上取自路易十四在法国的凡尔赛宫。

希尔德布兰特，上宫，维也纳，奥地利
1717—1723年

哥特式的影响

艾希尔是有着意大利血统的波希米亚建筑师，正如他的姓氏中所暗示的那样。艾希尔独特的设计生动地体现在内波穆克的圣约翰朝圣教堂（Pilgrimage Church of St. John of Nepomuk）中，建筑揭示了一幅巴洛克弯曲的外观和哥特式尖拱窗相融合的特殊的场景。

艾希尔，圣约翰朝圣教堂，内波穆克，达那撒扎乌，捷克
1719—1727年

古典与宗教的结合

1713年，神圣罗马帝国皇帝查尔斯六世在维也纳下令建造一座纪念圣卡罗的教堂。冯·埃尔拉赫以他非凡的设计赢得了教皇的委托，这个设计融合了正立面的希腊神庙式门廊、两侧罗马巴洛克风格的阁楼和两根仿照图拉真柱建造的纪念柱。建筑的整体效果完美表达了查尔斯六世皇帝的权威。

冯·埃尔拉赫，圣卡罗教堂，维也纳，奥地利
1737年完成

空间的复杂

在布鲁萨尔（Bruchsal）的主教宫（Episcopal Palace），建筑师诺依曼被委托解决在原有建筑中插入一个新的圆形楼梯的难题。诺依曼对空间的独特理解使设计在原有结构体系的约束下进行开拓，最终构建出一部德国巴洛克风格的杰作。

洋葱形圆顶

洋葱形圆顶——底部呈洋葱球根状，向上逐渐变细变尖，顶部收成一个点的穹顶——自中世纪起就一直是俄罗斯和东欧建筑的一致特征。巴洛克风格的建筑师沿用这种形式，并发展出了新的变体，诸如"梨形"和"蓓蕾形"，这方面的例子有由弗朗切斯科·巴托罗米欧·拉斯特雷利（Francesco Bartolomeo Rastrelli）设计的位于基辅的圣安德鲁教堂（St. Andrew in Kiev）。

诺依曼，主教宫的楼梯，布鲁萨尔，德国
1721—1732年

巴托罗米欧·拉斯特雷利，圣安德鲁教堂，基辅，乌克兰
1747—1754年

西班牙与拉丁美洲巴洛克风格

地区： 西班牙和拉丁美洲
时期： 17—18世纪
特征： 摩尔人的影响；美洲土著的影响；丘里格拉风格；反结构性的；戏剧性的光线；浓重的线脚

16世纪，西班牙普遍流行一种简单而森严的古典风格，这在很大程度上与文艺复兴时期产生的剥离装饰而使建筑回到了赤裸的构成与几何的倾向相契合。由于这种风格在建筑师胡安·德·埃雷拉（Juan de Herrera，1530—1597年）的作品中达到了顶峰——以至于这种风格也以"埃雷拉"（Herrerian）命名。埃雷拉最著名的作品无疑是在马德里附近为菲利普二世（Philip II，1556—1598年在位）建造的圣洛伦佐的埃斯科里亚尔皇宫（San Lorenzo de El Escorial）。菲利普二世最初为这座建筑任命的设计师胡安·巴蒂斯塔·德·托莱多（Juan Bautista de Toledo）于1567年建造开始建造不久之后去世了，埃雷拉接手了巴蒂斯塔的工作。埃雷拉修改并扩大了原有的平面布局，重新设计了立面，创建出了一种平面与立面相结合的、近乎完美的几何系统。

17世纪中期，反宗教改革的思潮席卷了伊比利亚半岛，巴洛克风格开始盛行，逐渐取代了传统的"埃雷拉"风格。然而，这是一种独特的西班牙的巴洛克风格，这种风格的体现开始于丘里格拉（Churriguera）家族的贝尼托（José Benito，1665—1725年）与他的兄弟华金（Joaquin，1674—1724年）及阿尔贝托（Alberto，1676—1750年）的作品。三个人一起发起，并以他们的名字命名这种巴洛克风格为"丘里格拉"（Churrigueresque）风格，这种以密集的装饰为特征的风格主导了18世纪绝大部分时间里的西班牙建筑。这种戏剧性的效果被运用在诺沃亚教堂（Casas y Nóvoa）18世纪中期建造的西立面及圣地亚哥·德·孔波斯特拉大教堂（Santiago de Compostela）——西班牙最伟大、古老的宗教建筑的高塔中。

丘里格拉风格是对古怪的西班牙巴洛克建筑风格的一种诠释，这种奇异特质往往被视为受到西班牙的祖先摩尔人血统的影响。另一个影响可能来源于拉丁美洲的土著建筑。15世纪末，自第一批征服者踏上了美洲大陆之后，黄金就源源不断地流向了西班牙；而之后因暴利而建造起来的建筑风格中，也在某种程度上折射出这笔财富原本的所有者们的某些特征。

无论如何，一个更为肯定的趋势是：一种新兴的西班牙巴洛克风格横跨并主导了大西洋海域，既有宗教的企图，也出于帝国的扩张。18世纪的拉丁美洲建造了大量的巴洛克式教堂，以彰显征服者们将自己认为的精神救赎带给了拉丁美洲的土著居民。

摩尔人的影响

从8世纪开始，摩尔人占领了伊比利亚半岛的很大一部分，一直持续到15世纪末期的格拉纳达王国（Kingdom of Granada）被推翻。摩尔人的建筑与丘里格拉风格在视觉上的相似性是显而易见的，例如格拉纳达的阿尔罕布拉宫（Alhambra）的阿本莎拉赫厅（Abencerrajes），大厅的天花穹顶由无数的钟乳状装饰组成。

阿本莎拉赫厅，狮子殿，阿尔罕布拉宫，格拉纳达，西班牙
1354—1391年

美洲土著的影响

当巴洛克风格作为基督教扩张的视觉表达形式传播到美洲大陆的时候，同时也发展出了足够的灵活性，与当地建筑元素相融合。从附近的印加（Inca）遗址搬过来的石块，有些甚至无须重新切割，就直接用于建造在秘鲁的库斯科的圣多明哥大教堂（Cathedral of Santo Domingo in Cusco）。

圣多明哥大教堂，库斯科，秘鲁
1559—1654年

丘里格拉风格

以丘里格拉家族的名字命名，丘里格拉风格的特点几乎完全是过度附加的建筑装饰。线脚、卷曲与叶饰等任何源于古典语言的装饰，以一种压倒一切的方式，在建筑中反复被使用。在格拉纳达的卡尔特会修道院（Charterhouse）的圣器收藏室（Sacristy），纯粹、密集的装饰达到了极限的边缘。

反结构性的

在核心思想的体现上，古典主义风格建筑从根本上是一种结构性的表达方式，而丘里格拉风格压倒一切的装饰在试图反抗这种特性。在纳西索·托梅（Narciso Tomé）设计的托莱多大教堂（Toledo Cathedral）的大理石雕像中，任何残留的结构性表达在浓重的装饰下已经显得微不足道；柱子的柱身在外观上处于向纯粹的装饰性转变的边缘。

路易斯、曼努埃尔，圣器收藏室，卡尔特会修道院，格拉纳达，西班牙
1727—1764年

纳西索·托梅，大理石雕像，托莱多大教堂，西班牙
1729—1732年

戏剧性的光线

大理石群雕的另一个显著特点，同时也是西班牙巴洛克风格的一个重要特点，是戏剧性地、几乎是带有启示性地使用光线。纳西索·托梅拆除了一部分不起结构性作用的肋拱顶盖（改装成天窗），教堂内投下的聚集的光束进一步增强了群雕的戏剧性及超凡的装饰性。

浓重的线脚

当意大利巴洛克风格建筑的边缘还在使用已有的古典装饰语言的时候，西班牙巴洛克风格建筑则改进并扩展了古典图案本身的表达能力。螺旋式的所罗门柱被经常使用，即使是简单的线脚也要戏剧性地增大其尺度，使之成为具有自身特性的建筑表达形式。

纳西索·托梅，大理石群雕，托莱多大教堂，西班牙
1729—1732年

迭戈·杜兰、卡耶塔诺，圣普利斯卡教堂，塔斯科，墨西哥
1751—1758年

法国巴洛克风格

地区: 法国
时期: 17—18世纪早期
特征: 双斜坡屋顶;穹顶;景观设计;打破常规;豪华的室内装饰;笨重的粗面砌筑

法国巴洛克风格建筑的一个同义词是法国国王路易十四时期建筑。路易十四统治下的法国是高度集中的专制国家。权力的中心——巴黎与后来的凡尔赛——掌控在国王一个人手中,国王行使的权力被视为神的授予。路易十四手下受人尊敬的大臣让-巴蒂斯特·科尔贝(Jean-Baptiste Colbert)转向把艺术形式特别是建筑艺术用于赞颂这位自称"太阳王"的统治者的伟大。

科尔贝建立了很多学院,同时进行科学研究与建筑艺术的传播,并组建了法国皇家绘画雕刻学院(Académie Royale de Peinture et de Sculpture)——为进一步扩大法国的荣耀而提供源源不断的训练有素的艺术家、建筑师和工程师。科尔贝促成了1665年贝尔尼尼对巴黎的访问,并着手准备设计卢浮宫的东立面。尽管这些设计方案最终被否决了,然而贝尔尼尼在巴黎雕刻的路易十四半身像被认为是最好地体现了这位君主的神采的雕像之一。

尽管有贝尔尼尼的访问,巴洛克风格在法国的发展与南欧完全不同:首先,法国的巴洛克风格表现出与法国传统建筑很强的连续性;其次,在法国,宫殿建筑与景观设计的联系更为紧密。弗朗索瓦·孟萨尔(François Mansart,1598—1666年)是第一位把巴洛克风格引入法国建筑语汇的建筑师,他侧重于频繁地使用一种实用性的柱式和笨重的粗面砌筑。他设计的位于巴黎的圣宠谷(Val-de-Grâce)教堂以及巴黎附近的马勒梅松堡(Château de maisons)——以双重斜坡的屋顶为特征——影响了之后的一代建筑师。

由路易·勒·沃(Louis Le Vau,1612—1670年)设计的孚-勒-维贡府邸(Vaux-le-Vicomte,1656—1661年)奠定了建筑设计、室内设计、绘画与景观设计统一协调的典型,成为法国巴洛克风格的标志性建筑。勒·沃的设计使人回想起孟萨尔的马勒梅松堡,但更加具有戏剧性,突出的两翼、重复的巨大柱式、中央穹顶和一系列重叠的双斜坡屋顶形成了更加活跃的天际线。在建筑的内部,画家夏尔·勒·布伦(Charles Le Brun)接到委托创作了华丽的壁画装饰。在建筑的外部,安德烈·勒·诺特亥(André Le Nôtre,1613—1700年)用一系列高度几何图形化的道路、水池和灌木篱,同时把建筑造型引入到整个景观的构图之中。勒·沃、勒·布伦、勒·诺特亥一同被路易十四召集起来进行凡尔赛宫的建设。

双斜坡屋顶

弗朗索瓦·孟萨尔不是这种屋面形式的发明者，但由于他经常用这种形式，所以这种形式总与他联系起来。双斜坡屋顶的实用功能是能够提供更多的室内空间，但对于弗朗索瓦·孟萨尔和之后的建筑师而言它更像是一种象征符号，表达着与法国传统建筑的某种连续性。

弗朗索瓦·孟萨尔，马勒梅松堡，巴黎附近，法国
1630—1651年

穹顶

与宫殿一样，带有穹顶的教堂也是法国巴洛克风格重要的建筑类型。最著名的例子是哈杜安–孟萨尔（Hardouin-Mansart）设计的巴黎荣军院圣路易斯大教堂（St. Louis des Invalides）高耸的金色穹顶，这是路易十四为战争退伍军人建造的一座雄伟的医院。

哈杜安–孟萨尔，荣军院圣路易斯大教堂，巴黎，法国
1675—1706年

景观设计

在凡尔赛，勒·诺特亥设计的景观由一系列以宫殿为中心向外呈放射状的大街、树篱和草坪组成，这与他早前在孚–勒–维贡府邸的景观布局有相似的地方，只不过后者的规模要小得多。修剪成形的树木、雕塑和引人注目的喷泉遍布在园林之中，是路易十四统治的一种物化的表达方式。

勒·诺特亥，橘园，凡尔赛宫，凡尔赛，法国
1661年开始建造

打破常规

　　17世纪，法国哲学界中的摩登思想者认为：人类当下的成就可以等价甚至超越古代，这种观点与相对应的"复古"（Ancients）思想形成了鲜明的对比。在巴黎卢浮宫东立面的设计中，推崇"摩登"思想的建筑师、科学家克劳德·佩罗（Claude Perrault，1613—1688年）打破了原有的建筑规则，创建了一个在构成与表达上都别出心裁的建筑立面。

克劳德·佩罗，卢浮宫东立面，巴黎，法国
1665—1680年

豪华的室内装饰

　　路易十四召集了勒·沃、勒·布伦、勒·诺特亥和哈杜安-孟萨尔，把凡尔赛宫从最初的狩猎小屋变成世界上最大的宫殿之一。其室内设计展示着建筑手法、镀金装饰、壁画艺术交相辉映的场景，创造出一幅绝少能被后人超越的视觉盛宴。

哈杜安-孟萨尔、勒·布伦，镜厅，凡尔赛宫，凡尔赛，法国
1678—1684年

笨重的粗面砌筑

相邻石材之间的边界被着重加强的砌筑方法——被称为粗面砌筑——重新出现在法国巴洛克风格建筑中。这种砌筑方法在法国有着悠久的传统，体现在16世纪建筑师雅克·安德鲁（Jacques Androuet du Cerceau，约1520—1585年）和他的孙子所罗门·德·布罗斯（Salomon de Brosse，约1571—1626年）设计的建筑中，尤其是后者设计的卢森堡宫（Palais du Luxembourg，1615年开始建造）。

哈杜安-孟萨尔，橘园，凡尔赛宫，凡尔赛，法国
1684—1686年

英国巴洛克风格

地区： 英国

时期： 17世纪中期—18世纪早期

特征： 简朴；生动的天际线；中世纪的影响力；夸张的拱顶石；折中；穹顶

英国在不久之后也发展出自身的巴洛克风格，其表现形式与欧洲大陆非常不同。推崇新教的英国对欧洲大陆巴洛克风格中与天主教有关的奢华气息一直是抵制的，即使在17世纪的大部分时间，古典建筑的运用还经常遭受一些怀疑的眼光。无论如何，与大陆之间的联系使建筑风格很快有了变化。年轻时的克里斯托弗·雷恩（Christopher Wren）在1665年访问了巴黎，在那里见到了贝尔尼尼。仅仅一年之后，伦敦经历了灾难性的大火，上述会面为雷恩的首都重建计划奠定了思想基础。

在伦敦经历火灾之后，雷恩向英国国王查理二世（Charles II，1660—1685年在位）展示了他的规划，主张把首都伦敦重新建设成为规则的、街道宽阔的巴洛克风格的城市。而对于灾后立即重建的过分的迫切性，以及私人业主们争先恐后的建设行为还是毁掉了雷恩的规划。城市在其古老的中世纪布局基础上重建，但天际线是全新的。包括圣保罗大教堂（St. Paul's Cathedral）的穹顶和加紧建设的50多座高耸的尖顶教堂在内的建筑——雷恩的这些成就——预示着伦敦即将成为第一个现代化的城市。

作为科学家以及建筑师，雷恩采用实证研究的方法来创造性地解决建筑问题，

例如那些古典建筑与中世纪的尖顶相调和的建筑形式。雷恩有一些能干的助手，其中尤为突出的是尼古拉斯·霍克斯穆尔（Nicholas Hawksmoor）。霍克斯穆尔从一个办公室的职员成长为雷恩的左右手，他还帮助由剧作家转为建筑师的约翰·范布勒爵士（Sir John Vanbrugh）实现了霍华德城堡（Castle Howard）和布伦海姆宫（Blenheim Palace）的建造。

使霍克斯穆尔闻名的是他作为1711年伦敦"50座新教堂建设委员会"（Commission to Build Fifty New Churches）的成员时，为伦敦设计的六座教堂。这些教堂建筑中混合了来自哥特式、近东地区甚至埃及建筑的影响。他所设计的斯皮塔菲尔兹（Spitalfields）基督教堂，其戏剧性的西立面、古怪的哥特式尖顶激发着一代又一代伦敦人的想象力。

然而，在霍克斯穆尔的教堂还没有完成的时候，巴洛克风格已经衰落而不再流行。帕拉第奥主义风格的审美品位（见98页）在伯林顿伯爵三世理查德·博伊尔（Richard Boyle, 3rd Earl of Burlington，1694—1753年）的推动下，成为定义18世纪英国建筑风格的主流，霍克斯穆尔的作品受到了质疑，甚至曾因过度古怪而被人们所耻笑。

简朴

英国巴洛克风格倾向于避免装饰，而是通过光与影的处理表达建筑效果。在霍克斯穆尔的建筑中这种手法发展到了极限，立面被简化至基本的拱或圆形窗的几何重复。

约翰·范布勒爵士、霍克斯穆尔，布伦海姆宫，牛津郡，英国
1705—1724年

生动的天际线

由于经常处于周边建筑物紧密的包围下，雷恩设计的教堂较低部分可见度很低，于是建筑的吸引力几乎完全集中在尖顶的设计上。很快地，范布勒、霍克斯穆尔和托马斯·阿彻（Thomas Archer，约1668—1743年）也开始着手设计有着生动的屋顶轮廓的单个建筑。阿彻设计的位于史密斯广场的圣约翰教堂（St. John）就突出体现了生动的、非同一般的轮廓。

托马斯·阿彻，圣约翰教堂，史密斯广场，伦敦，英国
1713—1728年

中世纪的影响力

18世纪早期，中世纪建筑风格被认为是过时的，甚至是精神堕落的。尽管如此，中世纪的元素还是被谨慎地使用，使建筑师能够与早期的英国建筑建立起联系。范布勒在剑桥郡的金博尔顿城堡（Kimbolton Castle）的设计中提出了著名的"城堡气息"概念，他甚至在伦敦的格林威治为自己建造了一个仿中世纪的城堡。

约翰·范布勒爵士，范布勒府邸，格林威治，伦敦，英国
1719年完工

夸张的拱顶石

　　最明显的能够立刻被分辨出的英国巴洛克式建筑特征是夸张的拱顶石。英国第一座巴洛克风格建筑——由伊尼戈·琼斯的学生约翰·韦伯（John Webb，1611—1672年）在17世纪60年代设计的国王查尔斯在格林威治的府邸——就频繁地使用大块的拱顶石，这也是建筑师威廉·塔尔曼（William Talman，1650—1719年）在早期巴洛克风格的建筑南立面经常使用的手法。

威廉·塔尔曼，南立面，查特斯沃庄园，德比郡，英国
1696年完工

折中

英国巴洛克风格建筑师从各方面汲取灵感。从未离开过英国的霍克斯穆尔着迷于那些时间与距离都非常遥远的建筑风格，早期基督教的元素，甚至埃及元素都能在他的作品中窥见一斑。相比之下，詹姆斯·吉布斯（James Gibbs，1662—1754年）则在罗马师从巴洛克大师卡洛·方塔纳（Carlo Fontana）并受到他的影响，例如吉布斯设计的圣玛丽教堂（St. Mary le Strand）。

穹顶

在看到了在巴黎建造的穹顶教堂之后，甚至在伦敦大火之前，雷恩就曾希望为原有的圣保罗大教堂新建一个能与罗马的圣保罗大教堂相比肩的穹顶。除了新圣保罗大教堂，雷恩还为伦敦设计了其他三个穹顶教堂，其中最著名的是气势磅礴的圣斯蒂芬·沃尔布鲁克教堂（St. Stephen Walbrook）。

詹姆斯·吉布斯，圣玛丽教堂，伦敦，英国
1716—1724年

克里斯托弗·雷恩爵士，圣斯蒂芬·沃尔布鲁克教堂，伦敦，英国
1672—1679年（尖塔，1713—1717年）

洛可可风格

地区： 欧洲，尤其是法国、德国和俄罗斯
时期： 18世纪
特征： 整体艺术品；连续的空间；技艺精湛；非对称性；叶形装饰；世俗建筑

洛可可风格是巴洛克风格发展到最高级的阶段，在很大程度上，洛可可风格把巴洛克风格中的幻觉性与戏剧性的基本特质发挥到了逻辑的极致。回溯到文艺复兴时期，即使是在加里尼的那些最为复杂、多层次的作品中，建筑仍然是以结构性表达为定义的。甚至发展到西班牙丘里格拉风格时期（见82页），密集的装饰似乎正在抵消建筑的结构性——事实上只是在试图用装饰包裹住结构——但仍然保留了建筑基本的结构性与理性的框架。

与晚期巴洛克风格形成鲜明对照的是，洛可可风格试图超越这个长期以来被遵守的结构性表达的准则。洛可可风格不再是"装饰的，虽然浓重，但仅仅是一个底层的结构性框架的加强"；相反地，它发展成为一种新的空间组织的基本原则。最纯粹的洛可可风格空间被构想成连续的表面——视线所及之处一种压倒性的视觉景象——纯粹的光与影的相互作用；明亮的、色彩柔和的材质；当然，还有丰富多彩、自由流动的镀金装饰。虽然产生过一些重要的巴伐利亚洛可可风格教堂，如精致的伯瑙教堂（Birnau，1746—1749年）和维斯教堂（Wies，1745—1754年），这些教堂与诺依曼开创性的维森海里根教堂（Vierzehnheiligen）相呼应，后者还被视为属于晚期巴洛克建筑的范畴。然而，真正经常伴随洛可可风格出现的是世俗类型建筑，主要是一些宏伟的宫殿和沙龙——受到良好教育的精英们讨论文学和哲学思想的地方。最早的、最著名的洛可可风格的作品是德国德累斯顿（Dresden）的茨温格宫（Zwinger Palace），于1711年开始建造，由建筑师丹尼尔·普波曼（Daniel Pöppelmann，1662—1736年）为萨克森选帝侯国奥古斯都大力王（Augustus the Strong，约1694—1733年）设计。茨温格宫计划一直扩展到易北河（River Elbe），为盛大的集会提供奢华的场所，包括大看台与种植园。尽管它没有最终完成，其奢华的建筑风格，层层叠加的装饰，仍使人浮想联翩。可以有争议地认为，整个洛可可时代最伟大的宫殿是意大利建筑师拉斯特雷利在俄罗斯建造的一些宫殿建筑，尤其是在圣彼得堡的冬宫（Winter Palace），洛可可风格的装饰效果，使长长的宫殿建筑的立面充满生机。

洛可可风格渗透到了视觉艺术的方方面面。画家如让-安东尼·华托（Jean-Antoine Watteau）和弗朗索瓦·布歇（François Boucher）经常用淡雅微妙色彩描绘田园主题，而弗朗索瓦·德·屈维利埃（François de Cuvilliés）、米修纳（Juste-Aurèle Meissonnier）、托马斯·齐彭代尔（Thomas Chippendale）、托马斯·约翰逊（Thomas Johnson）与其他艺术家一起把洛可可风格的流动性与蜿蜒性拓展到家具设计与实用设计的领域。

整体艺术品

在19世纪的德国，出现后来经常被翻译成"整体艺术品"的术语，这个概念的出现与作曲家理查德·瓦格纳（Richard Wagner）的音乐有很大的联系。"整体艺术品"这个词语之后被引用描述早期的巴洛克风格，尤其指洛可可建筑——洛可可建筑的内部空间可以看成各种表面、装饰、家具、织锦、绘画的统一体。

约翰·巴尔塔扎·诺依曼，明镜室，维尔茨堡府邸，巴伐利亚，德国
1740—1745年（第二次世界大战后重建）

连续的空间

洛可可建筑打破了巴洛克风格一直坚守的结构定义空间的原则。富于流动的曲线，复杂的几何形状和密集的装饰，洛可可风格的内部空间例如菲舍尔设计的位于巴伐利亚的奥托博伊伦修道院，建筑的结构被紧张的表面所主导。

菲舍尔，奥托博伊伦修道院，巴伐利亚，德国
1737—1766年

技艺精湛

    洛可可风格的匠人们在工艺技巧上的精湛达到了空前绝后、难以超越的程度。擅长制作复杂的石膏线脚（通常是镀金的带有绘画的），以及精细雕刻的镜框与家具的设计师们，例如法国的米修纳和英国的托马斯·齐彭代尔，否定了对传统工艺的理解，他们的成就使洛可可风格成为一个时代的中心。

帕佳西，美泉宫的室内，维也纳，奥地利
1743—1763年

非对称性

    洛可可风格的设计师把自己从文艺复兴时期以来一直恪守的对称性建筑及室内设计原则中解放了出来。在建筑被当成"装饰性的流动着的平面"的理念下，洛可可的设计师们极大地扩展了原有的装饰语汇，从非对称性与非明确性中探索令人兴奋的视觉体验。

弗朗索瓦·德·屈维利埃、诺依曼，奥古斯都堡，布吕尔，德国
1700—1761年

叶形装饰

大部分的洛可可风格室内装潢都由各式各样的叶形装饰所诠释，洛可可的叶形装饰与阿拉伯式花纹（arabesque）或怪诞风格花纹（grotes-query）在细节上是不一样的。作为建筑材料或家具固有的一部分，洛可可叶形装饰通常以灰泥或木材制作，总是弯曲或缠绕的，在最边缘加上的则是普通的锯齿形叶片造型。

弗朗索瓦·德·屈维利埃，阿玛利安堡皇宫，慕尼黑，德国
1734—1739年

世俗建筑

如果说作为反宗教改革精神的文化现象——巴洛克风格通常与宗教建筑相关联，那么，洛可可风格则与宫殿建筑和市民建筑有着紧密的关系。在巴黎，洛可可风格的流行恰逢各种沙龙的出现，这种新兴的社交聚会场所经常以洛可可风格进行装潢。

波弗朗、查尔斯·约瑟夫，公主沙龙，苏比斯府邸，巴黎，法国
1735—1740年

新古典主义

79年，耸立在意大利那不勒斯湾的维苏威火山（Vesuvius）猛烈喷发，大量的火山灰吞没了罗马的省会城市庞贝（Pompeii）和附近的较小的、更富裕的旅游胜地赫库兰尼姆（Herculaneum）。两座城市一直处于被荒废、掩埋和遗忘之中。16—17世纪，赫库兰尼姆的部分地区曾被人发现，结果也只是继续着被掩埋的命运。然而在1738年，正当工人们在西班牙工程师艾尔库贝里（Alcubierre）的领导下为当时的那不勒斯国王的宫殿开挖基坑的时候，发现了一些建筑的古迹，于是在那里，艾尔库贝里开启了第一次有组织协作的大规模挖掘工作。1748年，艾尔库贝里发现了庞贝古城。随着两个罗马城市逐渐重现天日，欧洲各地的众多游客来到这里，一睹庞贝古城保存良好的建筑风貌，包括幸存下来的壁画、马赛克、日常家居用品和最令人痛惜的庞贝人的遗骸，这一切都被封存在历史的瞬间。

这些考古的发现对既有古罗马文化的教条提出了根本性的挑战。小雕像——传统上被视为罗马艺术成就顶峰的标志——在挖掘中被发现。而留存下来的大量壁画也呈现出多种式样，其中某些表达色情内容的春宫图，对于18世纪大部分人的感官接受能力来说，是出人意料的发现。此外，艾尔库贝里的挖掘方式——几乎伴随着抢劫——受到了强烈的批评，尤其是来自德国的艺术史学家约翰·约阿希姆·温克尔曼（Johann Joachim Winckelmann）的谴责。无论如何，这些发现对新古典主义风格产生了决定性的影响，反映了同一时期启蒙运动（Enlightenment）提出的质疑与挑战权威的思想。

"原始棚屋"

通过进行"伟大的旅程"（Grand Tour）获取对古代艺术文化直接的、第一手的体验，成为欧洲富人阶层的年轻人教育的一个基本组成部分，人们的注意力也逐渐转向探求古代建筑的起源。在这方面尤其具有影响力的是神父马克-安东尼·劳吉埃（Marc-Antoine Laugier）出版的《论建筑》（*Essai*

sur l'architecture，1753年），这位耶稣会修道士提出一切"真实"的建筑的基础是"原始棚屋"的理念。这在很大程度上重申了维特鲁威的观点，即建筑是对大自然的模仿。劳吉埃认为，古典建筑即是"原始棚屋"演变的结果，由一种简单的树干支撑横梁的构架发展而来。柱子对于劳吉埃而言，是一棵树主干的"自然"派生物。另一方面，壁柱则被认为是"荒谬的"，是建筑偏离了核心原则并自我贬低的征兆。虽然劳吉埃的想法经常是带有空想性的，很少以真实的史实作为基础，但是这些观点的重要性在于引发了对建筑基本原则的重新思考。这种概念研究的取向是新古典主义的关键性变革——这与以往偏重于对古希腊、古罗马建筑进行装饰性的模仿形成了鲜明的对比。

进入19世纪

19世纪，工业革命的兴起、新的建筑技术和新材料的出现，对新古典主义产生了较大的影响，把建筑形式和理论推向了新的阶段。新古典主义多少带有几分反直觉的意味，通过专注于基本法则，新古典主义在某种程度上绕开了如何处理新兴的现代建筑类型的难题。然而，这种方式的合理性也要取决于这些基本法则的效力，不排除有些法则在经受检验时可能显示出尚未达到普遍适用的程度。德国建筑师和理论家戈特弗里德·森佩尔（Gottfried Semper，1803—1879年）在许多方面将新古典主义原则与新的时代相协调。在森佩尔的著作《建筑四要素》（*The Four Elements of Architecture*，1851年）中，他认为，建筑是一种重复的构件组合机制，而这些构件的形式在根本上由其创作工艺所决定：编织、模制、木艺、砌筑或金属加工。他还解释了宗教、国家和市民机构以及工业是如何创造了一种前提背景，在这些前提背景下，一些基本的形式可以获得恰当的建筑学表达。新古典主义的原则得到了采用，通过不断创造有秩序的、有意义的表现形式，为迅速发展的技术变革寻求建筑学的意义——这在很大程度上预示着现代主义、功能主义的产生。

帕拉第奥主义

古典复兴

希腊复兴

帝国风格

风景画风格

崇高主义

帕拉第奥主义

地区： 英国和美国
时期： 18世纪
特征： 统一的整体；神殿式正立面；"自然"景观园林；公共建筑；样本模式建筑；隐含的秩序

1715年，建筑师科伦·坎贝尔（Colen Campbell，1676—1729年）出版了第一卷《维特鲁威的世界——18世纪英国建筑手绘》（Vitruvius Britannicus: The Classic of Eighteeth-Century British Architecture），这本著名的建筑"宣言"记录了当时英国建筑的现状，并试图系统地阐述和整理出清晰的英国建筑风格的脉络。坎贝尔参照的范本来自手法主义建筑师安德里亚·帕拉第奥的作品，帕拉第奥最著名的作品是16世纪中期在意大利威尼托建造的别墅。

一个世纪前的英国已经开始了对帕拉第奥作品的认识：17世纪早期，琼斯研究了第一手帕拉第奥的建筑资料，并且带回了这位伟大建筑师的草图。在之后的建筑中，琼斯把从帕拉第奥那里获得的灵感付诸实践，设计了包括白厅的宴会厅（1619—1622年）和格林威治的女王府（Queen's House，1616年开始建造）在内的西方建筑——两者都位于伦敦。然而，随着英国内战的爆发，琼斯的招牌性的与皇室詹姆斯一世（James I，1603—1625年在位）和他的儿子查理一世（Charles I，1625—1649年在位）联系紧密的帕拉第奥主义风格不再受追捧。虽然克里斯托弗·雷恩对于琼斯的作品给予了很大关注，然而雷恩的以经验主义推动的巴洛克风格在理念与形式上都与琼斯的建筑有所不同。虽然雷恩与范布勒的作品在《维特鲁威的世界》中占有很重要的篇幅，但是坎贝尔批评了这些作品刻意的奢侈，代之拥护以帕拉第奥和琼斯为典范的理性——也正如标题"英国的维特鲁威"所宣称的那样。

坎贝尔的想法对柏林顿伯爵三世——理查德·博伊尔产生了很大影响，博伊尔于1718年聘请坎贝尔为自己改造位于伦敦皮卡迪利大街的自家宅邸的立面。伯林顿曾经访问过意大利，但没有直接去研究古罗马建筑，而是研读帕拉第奥的著作《建筑四书》（The Four Books of Architecture，1570年），这本书包含了对古罗马建筑系统的调查和总结出的规则。从建筑的诠释中追溯对古人的传承，帕拉第奥、琼斯、伯林顿及其贵族圈子将他们的风格视为罗马奥古斯都时期建筑风格的再现。此外，伯林顿和他的贵族圈子还把自己创造出的建筑风格编写成了以和谐、均衡和美德作为原则的范式——这些范式被认为只有那些有着"高尚"情趣的人才能够理解——这样便减少了底下的社会阶层对其进行模仿。

伯林顿在伦敦的奇西克别墅（Chiswick Villa，1729年完工）在设计上仿照了帕拉第奥的综合性地代表了其建筑哲学思想的圆厅别墅（Villa Rotonda，建于1566—1570年）。而在坎贝尔失势以后，伯林顿转而与建筑师威廉·肯特（William Kent，1685—1748年）合作，他们建立了成功的伙伴关系。他们发展出的关系如此密切，以至于当时的评论家霍勒斯·沃波尔（Horace Walpole）把肯特描述成伯林顿伯爵的"阿波罗艺术"的"合适的祭司"。无论如何，肯特本人与其他建筑师一起成为当时一股富有创造性的推动帕拉第奥风格的力量，这种风格在接下来的几十年中被英国贵族所喜爱并广泛流行。

统一的整体

在帕拉第奥主义最雄辩的理论家罗伯特·莫里斯（Robert Morris，约1701—1754年）的著作《为古典建筑辩护》（*Essay in Defence of Ancient Architecture*，1728年）中，作者将帕拉第奥主义风格定义为"畸变""荒诞""怪异"的哥特式风格和巴洛克风格的对立面。莫里斯推崇古典建筑作品中协调一致的"优美""悦目""和谐"，所有的建筑元素扮演的角色在一起最终创造出一个"统一的整体"，这种风格尤其在坎贝尔设计的梅瑞沃斯城堡（Mereworth Castle）中有着清晰的描绘。

科伦·坎贝尔，梅瑞沃斯城堡，肯特郡，英国
1720—1725年

神殿式正立面

帕拉第奥主义思想的传播远至美国，托马斯·杰斐逊（Thomas Jefferson）在蒙蒂塞洛（Monticello）的建筑中采用了大量的帕拉第奥式的处理手法，其中包括在世俗建筑中使用神殿式的正立面——这种处理方法可以说是帕拉第奥最重要、最具影响力的创新，在《建筑四书》中被帕拉第奥解释为"古罗马的形式与现代的用途相结合"的结果。

托马斯·杰斐逊，蒙蒂塞洛，夏洛茨维尔，弗吉尼亚州，美国
1769—1809年

"自然" 景观园林

作为一位不知名的画家，一位优秀的建筑师，并且是一位景观园林设计的大师，威廉·肯特是一个有魅力的人，绝不仅仅是伯林顿伯爵的专业代理人。肯特最大的创新是在景观园林设计方面引入了"回归自然"的理念。不规则的景观平面被巧妙地点缀以寺庙、尖塔、雕像，使人联想到肯特自己之前在意大利看过的古代与现代的花园。

威廉·肯特，罗夏姆园，牛津郡，英国
1738—1741年

公共建筑

17世纪末，随着现代政体国家的出现，需要新的建筑类型来表达新的功能。威廉·肯特不仅设计过别墅，也设计过城市宫殿、教堂，他甚至还设计了一座剧院，他的建筑语言正如《建筑四书》中所阐述的一样，具有很广泛的适用性，如对皇家骑兵卫队总部（Horse Guards）的设计，这种风格非常适应军营与陆军部办公室的建筑形式。

威廉·肯特、约翰·瓦迪，皇家骑兵卫队总部，伦敦，英国
1751—1758年

样本模式建筑

贾科莫·莱昂尼（Giacomo Leoni, 1686—1746年）翻译的《建筑四书》（1716—1720年）使帕拉第奥的建筑思想在英国得到推广。然而，一些建筑商更多的是把这本书作为样本图册来对待，而不是作为讨论建筑的著作。诗人亚历山大·蒲柏（Alexander Pope）曾经讽刺过不考虑实际使用功能而生搬硬套彼时流行的帕拉第奥式的窗户的做法。同时，尽管对帕拉第奥的建筑思想有着非常深入的了解，莱昂尼本人也经常尝试在自己的作品中将巴洛克和帕拉第奥主义风格进行融合。

贾科莫·莱昂尼，克兰顿庄园，萨里郡，英国
1730—1733年

隐含的秩序

在城市的背景（文脉）下，不仅宏伟的宫殿和公共建筑物是遵循帕拉第奥的理念来建造的，同时存在着一种"隐含的秩序"——除却简单的对古典装饰的需求，窗户与檐口的处理手法都暗示着一种潜移默化的规则的存在——一种帕拉第奥式的道德品格特质，甚至已经渗透到了相对平凡的城镇房屋建筑中，对抗着投机性的土地开发和城市扩张，表达着一种担忧。

小约翰·伍德，皇家新月楼，巴斯，英国
1767—1771年

古典复兴

地区： 欧洲与美国
时期： 18世纪中期—19世纪中期
特征： 古罗马装饰；借用；列柱；原型；圆拱；城市网格

尽管似乎有悖于直觉，但是欧洲古典复兴风格大约始于1750年。文艺复兴以来，古典风格的地位已经牢牢地确立，成为主导性的建筑表现形式。帕拉第奥主义的提出是为了对抗巴洛克风格的奢华和放纵，并力图重新建立建筑与古典时代的关联，这也是帕拉第奥所呼吁的。然而，18世纪50年代的建筑师们受到年青时代"伟大的旅程"的启发，或许也是被神父劳吉埃的有关古典建筑起源的著作所影响，开始直接从古代建筑的残骸中寻找灵感的来源。

古典复兴的核心人物之一是苏格兰建筑师罗伯特·亚当（Robert Adam, 1728—1792年），他的父亲威廉·亚当（William Adam, 1689—1748年）是当时苏格兰最著名的建筑师。罗伯特·亚当认为从罗马的文物中直接获取第一手经验是更加重要的。1754年，他离开苏格兰，沿着"伟大的旅程"所惯用的路线来到意大利。他在意大利各处旅行，然后在罗马生活了一段时间，在那里他拜访了法国的制图员查尔斯-路易·克里斯沃（Charles-Louis Clérisseau, 1721—1820年）和著名的意大利艺术家乔瓦尼·巴蒂斯塔·皮拉内西（Giovanni Battista Piranesi, 1720—1778年）。在他们的指导下，亚当精进了绘画技术，并开始形成自己对古典艺术的理解：古典艺术是流动的、演化的，同时为建筑学的引用提供丰富的源泉。回到伦敦之前，亚当在克里斯沃的陪同下，进行了一次为期五周的探险，来到达尔马西亚（Dalmatian）海岸的斯帕拉托（现在的斯普利特）——罗马皇帝戴克里先宫殿的遗址。在那里，亚当、克里斯沃还有

同行的四个意大利人对遗址进行了详细的调查，创作了大量的地形地貌图，绘制了对罗马戴里克先时期（约284—305年）的原貌充满幻想与想象力的图画。

返回后不久，亚当发表了著作《达尔马西亚戴克里先王宫遗址》（*Ruins of the Palace of the Emperor Diocletian at Spalatro in Dalmatia*, 1764年），这本书建立起亚当的声誉，并且为著名的"亚当风格"——亚当创立的建筑室内结合色彩与华丽的、技艺精湛的新古典装饰的风格——提供了丰富的素材。之后，亚当与他的兄弟詹姆斯（1732—1794年）进入商业领域，在接下来的20年中，亚当成为英国最炙手可热的建筑师。他还与自己的老对手威廉·钱伯斯爵士（Sir William Chambers, 1723—1796年）一同被任命为王室建筑师——钱伯斯在18世纪50年代末期也访问了意大利。

尽管"亚当风格"室内装饰流行的速度是非常快的，但是古典复兴的脚步却倾向于按照法国理论家卡特勒梅尔·德·昆西（Quatremère de Quincy, 1755—1849年）和德国建筑师戈特弗里德·森佩尔（Gottfried Semper, 1803—1879年）的理念沿着新的方向发展——即重现古典建筑的原型，使新古典主义与现代社会相协调。在城市的尺度上，皮埃尔·查尔斯·朗方（Pierre Charles L'Enfant, 1754—1825年）于1791年为新建立的美国首都华盛顿特区规划的网格式平面布局，融合了古代罗马城市规划的整齐性与启蒙运动所提倡的理性的基本特征。

古罗马装饰

罗伯特·亚当可以说是第一个将壁炉、家具、地毯和其他室内陈设整合起来作为统一的装饰方案进行设计的建筑师。亚当与他的兄弟詹姆斯雇用了一大批手艺匠人为他们实现了奇异的、蔓藤花纹式的和其他新古典主义的图案，而相比之下，与洛可风格不同的是，这些复杂的设计不仅注重视觉上的敏感、精致，同时还蕴含着对理性的领悟。

借用

在之前的帕拉第奥主义建筑师建立的基础上，亚当在凯德尔斯顿庄园（Kedleston Hall）的设计中采用了大量激发灵感的新古典主义式的借用手法。建筑南立面视觉中心的一座实心凯旋门，被认为受到了罗马的君士坦丁凯旋门（见15页）的很大的启发，建筑内部的方格穹顶则参考了罗马万神殿（见14页）的原型，而其立有圆柱的大厅使人联想起古罗马的别墅建筑。

罗伯特·亚当，长厅，塞恩府邸，米德尔塞克斯，英国
1762年

罗伯特·亚当，南立面，凯德尔斯顿庄园，德比郡，英国
1760—1770年

列柱

作为神父劳吉埃的追随者，雅克-日尔曼·苏夫洛（Jacques-Germaine Soufflot，1713—1780年）在教会建筑方面做出了令人瞩目的创新：在圣日纳维夫教堂（现在的法国万神殿）的设计中，他在室内希腊十字的平面周边运用独立列柱创造出一个流动的回廊。这种使用列柱而不是使用实墙或壁柱的手法呼应了劳吉埃的"原始棚屋"的概念。

雅克-日尔曼·苏夫洛，圣日纳维夫教堂，巴黎，法国
1755—1792年

原型

森佩尔设计的在德累斯顿的歌剧院，实际上是在同一地点上建造的第二座歌剧院——第一个已经在1869年被烧毁。前后两座歌剧院的设计都明显受到建筑师弗里德里希·基利（Friedrich Gilly，1772—1800年）在18世纪90年代所设计的新古典主义风格建筑的影响；然而，森佩尔在前人的基础上更进了一步，他将一系列的建筑外部体量组织在一起，这些体量确定了建筑的内部空间的组合，同时与他的朋友作曲家理查德·瓦格纳在音乐与戏剧方面的创新相呼应。

戈特弗里德·森佩尔，歌剧院，德累斯顿，德国
1871—1878年

圆拱

圆拱作为古罗马建筑原型之一，同时也可以说是一项古罗马建筑最伟大的创新（见12页），是古典建筑复兴的一个主要特征，并通常被使用在纪念性建筑的拱廊中。建筑师钱伯斯将萨默塞特宫（Somerset House）长长的立面放置于高耸的拱廊之上，在19世纪泰晤士河建造河堤以前，河水可以直接流入拱廊。这座拱廊可以说是他的竞争对手罗伯特·亚当在河上游的阿德尔菲（Adelphi）设计的拱廊的放大版。

威廉·钱伯斯爵士，萨默塞特宫，伦敦，英国
1776—1801年

城市网格

1791年，朗方受到美国的第一任总统乔治·华盛顿的召见，为即将建在波托马克河（Potomac River）岸的新首都起草了一份规划。朗方划定了现在的美国国会大厦和白宫的位置，用城市的空间布局表达这个新诞生的国家的政体结构、写入宪法的精神。在这个重要的城市规划的构思过程中，朗方结合了古罗马的先例与启蒙运动的理性精神。

皮埃尔·查尔斯·朗方设计，安德鲁·埃里克特修正，国会大厦和华盛顿特区俯视图，美国
1791年开始建造

希腊复兴

地区： 欧洲，尤其是英国和德国
时期： 18世纪中期—19世纪中期
特征： 色彩装饰；考古的精确性；希腊多利克柱式；演绎；引用；古代艺术的商品化

在一段时期内，保留着一些重要的古希腊建筑遗址的意大利一直是"伟大的旅程"的最主要目的地，包括被绘画大师皮拉内西（Piranesi）生动地记录下来的帕埃斯图姆（Paestum）的古居住地，而希腊则位于更加遥远的地区，在18世纪的时候还处于奥斯曼帝国的统治之下，难以到达。于是到了1748年，两个英国人——"雅典人"詹姆斯·斯图尔特（James "Athenian" Stuart，1713—1788年）和尼古拉斯·莱维特（Nicholas Revett，1720—1804年）决定超越前人已探明的"伟大的旅程"的路线，开发新的鲜为人知的路线，前往更远的古希腊进行探险（虽然他们直到1751年才正式开始他们的旅程）。最后，令人恐惧的瘟疫迫使他们于1754年回到了祖国。在探险期间，他们仔细地调查了途中所发现的古代遗迹。莱维特进行了详细的测量和记录，然后斯图尔特根据这些资料运用三角学的原理对地形风貌进行了复原，并记载下来。

回到英国后，斯图尔特和莱维特发表第一卷《雅典古迹》（Antiquities of Athens，1762年），并很快发表了后两卷。在著作的前言中，斯图尔特断言了希腊文明尤其是雅典文明对罗马文明的先导地位："希腊曾经有着世界上最宏伟壮丽的建筑，是古代建筑中最纯粹、最优雅的典范，这块土地等待着人们去发现。"对于著作本身来说，这固然是一种宣言式的论述，为了向每一位潜在的受众推广作者对于古代希腊文化稀有的、专门的认识，但也在侧面反映了当时正逐渐兴起的把古代希腊文明作为西方文明的发源地的思潮。

德国艺术史学家约翰·约阿西姆·温克尔曼是建立和推动希腊文化研究的重要人物之一。温克尔曼早年便沉浸在希腊文学和艺术之中。18世纪50年代，他来到罗马开始对古代文化进行第一手的研究。温克尔曼杰出的观察与分析能力使他得出这样的结论：事实上，罗马文明艺术作品的思想大部分来源于希腊文明。部分出于这种原因，在他的代表作《古代艺术史》（The History of the Art of Antiquity，1764年）中，温克尔曼认定古代希腊文化的伟大作品是后人仿制与模仿的真正的原型。

温克尔曼的思想在整个欧洲尤其是德国产生了深远的影响，他不仅影响了之后一代的文人和学者诸如伊曼努尔·康德、歌德等，也对后来的建筑师产生了巨大影响，尤其是普鲁士建筑师卡尔·弗里德里希·申克尔（Karl Friedrich Schinkel，1781—1841年）。在普鲁士国王腓特烈·威廉三世（Frederick William III，1797—1840年在位）和他的继任者——后来的腓特烈·威廉四世（Frederick William IV，1840—1861年在位）的支持之下，申克尔在柏林完成了一些重要的建筑，这些作品以古代雅典的精神作为普鲁士王国的象征。通过柏林皇家剧院（Schauspielhaus，建于1818—1821年）、柏林老博物馆（Altes Museum，建于1823—1830年）和柏林建筑学院（Bauakademie，建于1832—1836年）的建造，申克尔将自己的理念付诸实践："如果我们能够将古代希腊建筑精神的原则保留下来，并与我们自己的时代的特征相结合……我们将会找到我们正在讨论的问题的最真实答案。"

色彩装饰

温克尔曼坚信古典雕塑本质的颜色是白色，并推崇"越是纯净的白色越能体现形式的优美"的观点。卡特勒梅尔－德－昆西（Quatremère-de-Quincy）是最早认识到古希腊的雕塑色彩丰富的人之一，这在他的著作《朱庇特神》（*Le Jupiter Olympien*，1814年）中有所描述。而建筑师"雅典人"詹姆斯·斯图尔特也认为色彩装饰是希腊文化整体中的一部分，并特别强调采用强烈的色彩表达建筑装饰效果。

"雅典人"詹姆斯·斯图尔特，画厅，斯宾赛府，伦敦，英国
1759—1765年

考古的精确性

大英博物馆的建造采用希腊复兴风格是合乎逻辑的选择，这座建筑本身也是在向人们展示西方文化的历史。建筑师罗伯特·斯梅克爵士（Sir Robert Smirke，1780—1867年）在设计中采用了雅典卫城中依瑞克提翁神殿的爱奥尼柱式（神殿的女像柱之一也收藏在博物馆中）。罗伯特·斯梅克引用古典柱式的精确性反映了在启蒙运动时期的建筑中富于理性和观察的精神。

罗伯特·斯梅克爵士，大英博物馆，伦敦，英国
1823—1852年

希腊多利克柱式

对罗马版本的多利克柱式的喜爱，使文艺复兴时期的理论家们大都忽略了最初的希腊多利克柱式的存在。与罗马的塔斯干柱式相类似的造型庄重而简单的柱式一直广泛流行到18世纪末期。希腊多利克柱式的特点是平滑展开的柱头、有凹槽而没有基础的柱身。由柱式支撑带有三陇板与陇间板的檐部则是希腊与罗马的多利克柱式共同的特征。

威廉·威尔金斯，庄园，诺辛顿，英国
1804—1809年

演绎

　　申克尔一方面深受希腊建筑的影响并经常引用从希腊建筑中提取出来的建筑形式，在另一方面，他也非常反对盲目性地模仿古人。他认为虽然古希腊建筑是一个完美的模型，但是"每一件艺术作品，无论是何种类型，都需要蕴含一种新的元素，要为艺术的世界增添新的生命力"——这种观点很好地在他的"希腊式灵感"的柏林老博物馆中展现出来。

申克尔，柏林老博物馆，柏林，德国
1823—1830年

引用

希腊复兴风格的建筑设计不仅会引用单个的建筑元素，有时也会直接引用整个建筑。托马斯·汉密尔顿（Thomas Hamilton）在爱丁堡的卡尔顿山（Calton Hill in Edinburgh）建造的伟大的苏格兰诗人罗伯特·伯恩斯（Robert Burns）纪念亭，是雅典的纪念碑（见9页）的忠实引用并略微放大的版本。

古代艺术的商品化

当时公众对古希腊所有的事物的热捧，不仅对建筑师，也对其他专业领域的设计师提供了巨大的商业机会。其中最成功的是英国陶艺家约西亚·韦奇伍德（Josiah Wedgwood），他著名的"碧玉细炻器"（Jasperware）系列陶瓷重现了古陶器的形式和外观，并且做到了近乎于工业化规模的量产，因此市场反响热烈。

托马斯·汉密尔顿，伯恩斯纪念亭，爱丁堡，英国
1820—1831年

约西亚·韦奇伍德，"碧玉细炻器"系列陶瓷，英国
18世纪晚期

帝国风格

地区： 法国
时期： 18世纪晚期—19世纪中期
特征： 科林斯柱式；纪念性；掠夺品；帝国的象征；严肃；室内装饰

18世纪，公共空间的兴起以及启蒙思想的传播对教会与封建王朝提出了根本性的质疑。在法国，启蒙运动的哲学家和理论家不断反思并日益激发社会大众对专横的天主教和波旁王朝的君主专制统治的不满。伟大的日内瓦哲学家让–雅克·卢梭（Jean-Jacques Rousseau）在他的最有影响力的著作《社会契约论》（*The Social Contract*，1762年）中主张人民主权的社会，一个盛行宗教自由与民主政治的社会，人民的主权应当被写入宪法，以往专制主义下被束缚的个人权利可以通过遵守公众的意志获得保障，每一个自然人作为一个公民，很明显的都是制定约定的一分子——即社会契约的本质。

在哲学界、政论界以及艺术界，古罗马共和国的政治体制模型被引用并越来越被理想化。新古典主义画家雅克–路易·大卫（Jacques-Louis David）的作品《荷拉斯兄弟的誓言》（*Oath of the Horatii*，1784年）就反映了为共和国的理想而激发出的自我牺牲的英雄主义精神。在富于活力的三角式构图主体画面的背景中，是三座几乎没有任何装饰的多利克柱式的圆拱。与艳俗的洛可可风格形成鲜明对比，朴素的背景烘托了画面前方的人物的戏剧感。在法国大革命前后，绘画中体现出的对罗马装饰艺术的偏爱渗透到新古典主义的所有区域，包括家具设计、时尚艺术。这幅画的创作向世人宣告一个象征着"理性"和"最高存在"的盛世的到来，大卫对画面的组织也是为了他的战友——政治家罗伯斯庇尔（Maximilien Robespierre）的宣传目的所服务的。

在这个动荡的政治气候中，很少有新建筑被建造，只有巴黎圣母院和其他一些宗教建筑被指定为理性的神殿（Temples of Reason）。拿破仑掌权后，建筑才开始步入政治和个人仪式活动的中心。拿破仑·波拿巴在短短几年内从炮兵指挥官提升为将军、执政官，最终成为皇帝，1804年拿破仑于巴黎圣母院在教皇皮乌斯七世（Pope Pius VII）的见证下为自己加冕。作为一个军事战略的天才，拿破仑非常重视庆祝他在战争上的胜利，通过建造纪念性建筑的方式强化与增进自己的权力，尤其是奥斯特里茨战役（Battle of Austerlitz，1805年）。如果说法国大革命前后一段时期追求的是古罗马共和时期的风格，那么发展到拿破仑时期，他和他的建筑师们，特别是查尔斯·珀西（Charles Percier，1764—1838年）和皮埃尔–弗朗西斯科–莱昂纳德·方丹（Pierre-François-Léonard Fontaine，1762—1853年），则深受古罗马帝国时期的艺术风格形式的影响。凯旋拱门和纪念柱是新古典主义风格最明显的具有高度象征意义的，有时甚至是夸张的建筑形式。珀西和方丹设计的卢浮宫、杜伊勒里宫（Palais des Tuileries）和马勒梅松堡，其中加入了强烈的装饰，启蒙运动的理性原则与帝国形象达到了完美的结合，在建筑中创造出不朽的共鸣。

科林斯柱式

与大卫的绘画中严肃的多利克柱式以及大革命前后时期朴素的新古典主义风格形成鲜明对比的是，拿破仑的帝国风格经常采用华丽的科林斯柱式。通过为波旁宫（Palais Bourbon）增加带有12根科林斯柱式的门廊，建筑师伯纳德·波耶特（Bernard Poyet，1742—1824年）创造出了一个纪念碑式的立面，穿过塞纳河面向对岸的协和广场（Place de la Concorde）和更远处的玛德琳教堂（La Madeleine）。

伯纳德·波耶特，门廊，波旁宫（现在的国会大厦），巴黎，法国
1806—1808年

纪念性

经过多次辩论，皮埃尔–亚历山大·维侬（Pierre-Alexandre Vignon，1762—1828年）得到拿破仑的亲自委托来设计一座神殿用于显示其"伟大的军队"的辉煌。维侬设计并建造出一座不朽的、由共计52根柱子组成的、正面为8根柱子的环柱廊式神殿，神殿的高度为20米，其灵感来自在罗马尼姆保存完好的卡利神殿（见13页）。然而，在建筑还未完工的时候，政府决定把它变成一座教堂，即现在的玛德琳教堂。

皮埃尔–亚历山大·维侬，玛德琳教堂，巴黎，法国
1807—1842年

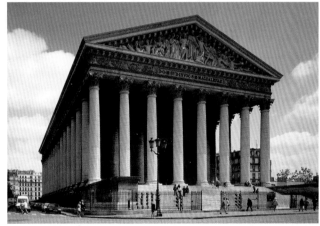

掠夺品

珀西和方丹设计的卡鲁索凯旋门（Arc de Triomphe de Carrousel）曾位于卢浮宫和杜伊勒里宫之间，在后者遭到毁坏之前，是以罗马的君士坦丁凯旋门为原型（见15页）而设计的。凯旋门上的浅浮雕描绘了拿破仑的胜利，而位于建筑顶端的战马雕塑，则是从威尼斯的圣马可大教堂掠夺而来的。在卡鲁索凯旋门还未完工的时候，另一个更大的凯旋门——巴黎凯旋门（Arc de Triomphe）按照建筑师让·格兰（Jean Chalgrin，1739—1811年）的设计开始动工。

珀西、方丹，卡鲁索凯旋门，巴黎，法国
1806—1808年

帝国的象征

帝国风格中充满各种象征性的图案元素，包括雄鹰、花环甚至是字母"N"（拿破仑名字的开头字母）。旺多姆广场（Place Vendôme）的圆柱，装饰有大卫的学生皮埃尔-诺拉斯格·博格特（Pierre-Nolasque Bergeret）设计的青铜浮雕，模仿古罗马的图拉真纪念柱而建造，用于纪念拿破仑在奥斯特里茨战役中的胜利。柱顶的雕像是安托万-丹尼斯·肖代（Antoine-Denis Chaudet）仿制的雕塑家安东尼奥·卡诺瓦（Antonio Canova）版本的《和平缔造者——马尔斯的拿破仑》（*Napoleon as Mars the Peacemaker*，1802—1806年）。

雅克·戈登、夏尔·巴迪斯特·勒佩，旺多姆圆柱，巴黎，法国
1806—1810年

严肃

雅克–路易·大卫在18世纪80年代的绘画作品包括《苏格拉底之死》（*Death of Socrates*，1787年）和《扈从给布鲁图斯带回他儿子的尸体》（*The Lictors Bring to Brutus the Bodies of His Sons*，1789年）——后者面世时大革命已经开始了，作品宣扬了男性的自我牺牲的英雄主义精神。在这些作品中，画面场景的戏剧性通常被严峻的新古典主义建筑背景所放大，建筑与政治活动、个体行为之间建立起了某种关联。

雅克–路易·大卫，《荷拉斯兄弟的誓言》，帆布油画
1784年

室内装饰

新古典主义风格的影响逐渐扩展到建筑的内部装饰。在拿破仑的马勒梅松堡，皇后约瑟芬（Empress Josephine）委托珀西和方丹对室内装饰进行了大量并且昂贵的改造，其主题是自由、尚武的。帐篷的主题被同时使用在几个卧室中，包括皇后本人的卧室，并且与当时最伟大的家具设计师雅各布–德玛特（Francois-Honoré-Georges Jacob-Desmalter）所设计的床结合在一起。

雅各布·德玛特，皇后的床榻，马勒梅松堡，吕埃尔–马勒梅松，法国
1810年

风景画风格

地区： 欧洲，尤其是英国和法国
时期： 18世纪末期—19世纪早期
特征： 非对称性；仿造的遗迹；绘画性；乡土；异国情调；都市的风景画风格

风景画风格（Picturesque）的含义是"像一幅画一样"，更具体地说，这个词起源于意大利语"pittoresco"，也是"美丽如画"的意思。这个定义发展到后来，此术语也被用以表示18世纪中后期美学理想在文化界中的一场特殊的辩论。在17世纪，理想化的古典风景画家如尼古拉斯·普桑（Nicolas Poussin）、克劳德·洛兰（Claude Lorrain）和萨尔瓦托·罗莎（Salvator Rosa）固然受到人们的重视——尤其是在英国已经被证明对景观园林设计产生了深远的影响。然而，另一种被普遍接受的观点，是埃德蒙·伯克（Edmund Burke）起初的崇高主义思想（崇高主义）——与优美互为对立面的概念，促使了风景画风格的出现并发展成为一个明晰的美学种类。

从古典主义风格形式上和谐、均衡的原则中提取出的美，和源于材料本身质感的美，哪种美是天生固有的，哪种美是后天被赋予的，对于这个话题的争论曾非常激烈。约瑟夫·艾迪生（Joseph Addison）在1712年写下《旁观者》（The Spectator）上的文章，宣扬"初见"与"复见"有着不同的"想象的愉悦"的概念，前者的想象来源于眼睛看到之前，后者则来源于记忆和对过去的经验的同化。相比之下，崇高的感觉则是人类现有的心理感受中最原始的、本能的情感，当人们被高耸的山脉、蜿蜒的峡谷和伟大的建筑作品所折服的时候，这种感觉甚至可以说是一种生理上的反应。在风景画风格最初的理论家之一普莱斯（Price，1747—1829年）在文章《论风景画风格》（Essay on the Picturesque，1794年）中，论述了以绘画的方式进行构思，展现形式上的对比与

相似、各种不同的比例与关系，中和了优美与崇高，是唤起审美愉悦的最佳表达方式。

继普莱斯之后，英国理论家理查德·佩恩·奈特（Richard Payne Knight，1750—1824年）可以说第一次把风景画风格付诸建筑实践——在福特郡的唐顿庄园（建于1772—1778年）。声称受到洛兰的一幅画的直接启发，奈特设计的这座非对称的、哥特式特色而室内风格是新古典主义的建筑，从各个角度都表达出风景画风格的意向。哥特式的运用折射出启蒙运动的质疑精神，已经不仅限于对古代遗迹，而是已经发展到对英国本土哥特式传统建筑的重新审视。这种趋势从持续到18世纪末期英国国内不断增加的旅游人群中也可以看出，特别是到一些已经荒芜了的修道院参观的人们——例如约克郡的里沃兹修道院（Fountains and Rievaulx in Yorkshire）和蒙默思郡的丁登修道院（Tintern in Monmouthshire），后者也因威廉·透纳（J.M.W. Turner）的绘画而闻名。

风景画风格无疑对设计景观园林的艺术家们产生了巨大的影响，尤其是作品众多的亨弗利·雷普顿（Humphry Repton，1752—1818年）。继兰斯洛·布朗（Lancelot Brown，1716—1783年）之后，雷普顿被公认为是彼时英国最杰出的景观设计师。与之前布朗大兴土木的设计方法不同，雷普顿则更倾向于通过巧妙地把树木与起到点睛作用的建筑组织在一起，来完善或改进现有的景观。雷普顿同时发挥了自己在水彩画方面的专长，在他著名的《红皮书》（Red Books）中，雷普顿创作了许多景观园林"完善前"与"完善后"的图景——以风景画的形式传达自己的设计构思，并向赞助商们展示自己的精湛技艺。

非对称性

　　大量的风景画风格设计师沉醉于发展建筑非对称的可能性，以一种消解的方式对抗严谨、僵化的古典主义设计原则。并且，非对称性的方式也并不仅限于哥特式的结构：约翰·纳什（John Nash，1752—1835年）设计的科伦克希尔（Cronkhill）别墅是为在艾丁汉姆公园（Attingham Park）附近居住的托马斯·诺埃尔·希尔——伯威克男爵二世（2nd Baron Berwick）而建造，这座杰出的建筑是对意大利风格别墅的自由充分的诠释，设计了柱廊、宽阔悬挑的屋檐和一座带有圆锥形顶盖的塔楼。

约翰·纳什，科伦克希尔别墅，什罗普郡，英国
1802—1805年

仿造的遗迹

乔治·利特尔顿（George Lyttelton）——利特尔顿男爵一世——是一位政治家且与威尔士君主腓特烈有着良好的关系，他雇用建筑师桑德森·米勒（Sanderson Miller, 1716—1780年）在海格尔庄园（Hagley Hall）设计了一座仿造的被摧毁的城堡。米勒在底层的平面上设计了四座角楼，其中只有一座角楼是完整建好的，其余的角楼造成了一种"被摧毁"的假象，与开着窗洞的残垣相联系，创造出年代久远的、令人回味的风景画般的轮廓。

桑德森·米勒，仿造的城堡，海格尔庄园，伍斯特郡，英国
1747年开始建造

绘画性

雷普顿的《红皮书》是用绘画的方式展示设计构思，如在肯伍德庄园（Kenwood House）的设计中，他先将开阔的景观绿地进行打散，然后精心摆放各种树木，巧妙设计的林间小路通常会把观赏者带入到一些特定的场景——在那里风景如画的效应将会得到充分的展示。庄园里的一座仿制的石桥很可能是更早时期建成的作品，然而雷普顿设法使之成为景观整体中不可或缺的一部分。

雷普顿，肯伍德庄园，汉普斯特德，伦敦，英国
1786年（1791年重建）

乡土

法国的路易十六国王（Louis XVI）即位之后，赐予他的皇后玛丽–安托瓦内特（Marie-Antoinette）小特里亚农宫（Petit Trianon）。这位法国皇后委托理查德·米克（Richard Mique, 1728—1794年）在她的花园中设计了一座风景画风格的村舍，一起建造的还包括农舍与乳制品坊，建筑表达了主人向往从凡尔赛宫的尔虞我诈中脱离，回归宁静的乡土的愿望。米克在设计中运用了大量的地域性的设计语言，这些作品也成为风景画风格中流行的被称作"村舍风格"（Cottage Style）的最著名的实例。

理查德·米克，皇后的村舍，小特里亚农宫附近，凡尔赛，法国
1783年

异国情调

　　新古典主义不仅使欧洲本土的古代文化遗产得到发扬，同时也推动了一些位于遥远地区的建筑风格的兴起。在一段时期中，中国风设计品位在欧洲广泛流行；瑞典国王古斯塔夫三世（Gustav III，1771—1792年在位）在他的王后岛宫的花园中，委托建筑师设计建造了一座高雅的、装饰豪华的中式亭楼。风景画风格的理论为从18世纪中期开始的、引入异国情调的建筑风格提供了哲学基础。

卡尔·约翰、卡尔·弗雷德里克，中式亭楼，王后岛宫，卢翁岛，瑞典
1760年

都市的风景画风格

　　1811年，约翰·纳什接到王储雷金特——后来的英国国王乔治四世（George IV，1820—1830年在位）的委托，进行一项规划了后来的摄政公园（Regent's Park）以及周边地区的总体设计。纳什同时为王储和其他雇主设计房屋，包括摄政大街（Regent Street）、卡尔顿府邸（Carlton House）、大理石拱门（Marble Arc）和白金汉宫（Buckingham Palace），他的设计通常有着高大的粉刷一新的阳台，轮廓精致的立面进退以及新月形的装饰。

约翰·纳什，新月公园广场，伦敦，英国
1819—1824年

崇高主义

地区： 欧洲，尤其是英国和法国
时期： 18世纪末期—19世纪中期
特征： 远古式崇高；幻想式崇高；形制式崇高；工业式崇高；技术式崇高；虚灵感崇高

"崇高主义"理念的产生与欧洲人热衷于体验"伟大的旅程"有着不可分割的联系。人们穿越阿尔卑斯山脉，经历沿途的壮丽景象，当最终到达意大利的时候，他们会惊叹于这里如此众多的古代遗迹，从巨大的神庙、成片的废墟，到高贵典雅的古典主义雕塑的精品。虽然描绘古代建筑遗迹的印刷品广泛流传，但是很少有图画能传达出古典建筑的纯粹性、威严性。艺术大师乔瓦尼·巴蒂斯塔·皮拉内西在这方面做出了突破，他的富有光影、空间感的雕刻版画，渲染出了一种与众不同的古罗马建筑意味。在皮拉内西创作的著名的蚀刻铜版画《监狱》系列（开始于1745年）中，画面中虚幻的、若隐若现的拱顶，看不清相貌的囚犯们在操纵着巨大的机械，这些画面暗示着作者在目睹了古代建筑之后而受到的深刻的启发，并尝试在他的作品中加强这种心理上的影响。

各种类型的现实体验与作品素材对埃德蒙·伯克（Edmund Burke）的崇高美学理论的形成起到了重要的作用。1757年，伯克发表了一篇对后世具有非常大的影响力的论著《论崇高与美丽概念起源的哲学探究》。对于伯克来说，"美"存在于秩序与结构；"崇高"则源于隐藏在人们内心深处感知到的恐惧——本质上是一种敬畏——被压倒性的审美体验而唤起的感知，一般而言，这种审美体验可以来自自然风光，也可以来自宏伟的建筑。伯克的观点对后世的美学理论产生了非常深远的影响，并得到了康德与叔本华的批判的发展。伯克的理念对英国建筑的间接影响可以从小乔治·丹斯（George Dance the Younger，1741—1825年）和他的学生约翰·索恩（John Soane，1753—1837年）的作品中看出。丹斯曾经在罗马拜访过皮拉内西，他的几个主要作品，如

在伦敦的纽盖特监狱（Newgate Prison，建于1769—1777年）和圣卢克疯人医院（St. Luke's Hospital for the Insane，建于1780年）——虽然现今都已经被拆除，但都显露着来自意大利人的影响。朴素严峻的外立面，暗示了建筑的内部世界的不安与纷扰。索恩设计的作品往往同样是近乎于无装饰的，以其对光的运用而闻名。在位于伦敦的英国银行（Bank of England）和规模较小的在林肯场（Lincoln's Inn Fields）的自宅的设计中，戏剧性地使用穹顶——其最喜爱的建筑形式——来处理光影的手法，是索恩设计的建筑作品中最突出的特征。

在法国，崇高主义的代表人物有艾蒂安-路易斯·布雷（Étienne-Louis Boullée，1728—1799年）和克劳德-尼古拉斯·勒杜（Claude-Nicolas Ledoux，1736—1806年）。布雷的建成作品相对较少，保留至今的更是寥寥无几，然而，真正使布雷被后世所铭记的是其在17世纪八九十年代发表的一些幻想式建筑的方案。在他的这些设计中，建筑被剥离到只剩下赤裸裸的几何形式，例如牛顿纪念堂（Cenotaph for Isaac Newton），是那个时代最自大、狂妄的作品之一。勒杜的完成作品相对较多，也更受人喜爱，他的理想也许并没有像布雷一样宏伟，他通过对古代建筑的直接模仿提取出最本质的抽象形式，并运用在自己的建筑设计中。布雷和勒杜的思想对巴黎综合理工学院的教授路易斯·杜兰（Jean-Nicolas-Louis Durand，1760—1834年）产生了影响，杜兰普及推广了"以模块化的组件理性地组织建筑的建构"的理念，在很大程度上预示在接下来的几个世纪中建筑标准化的出现。

远古式崇高

皮拉内西创作的蚀刻铜版画《监狱》系列在本质上是幻想式的：一些虚构的、任意组合在一起的建筑景象。然而，皮拉内西通过戏剧性的光影、巨大的尺度，以夸张的方式增强了古代建筑形式的感染力，为这些建筑形式赋予了怪异、脱俗的气质。这些蚀刻铜版画的产生对后来的许多建筑师、文学家以及他们的作品产生了深远的影响，如塞缪尔·泰勒·柯勒律治（Samuel Taylor Coleridge）和埃德加·爱伦·坡（Edgar Allan Poe）等。

乔瓦尼·巴蒂斯塔·皮拉内西，《监狱：七》，蚀刻铜版画
1760年

幻想式崇高

布雷未建成的17世纪英国科学家艾萨克·牛顿爵士的纪念堂是他的最著名的幻想式建筑设计。这是一个自大狂妄同时也完全不具备可建造性的设计方案，构想了一个150米宽的球体，放置于由柏树环绕的圆形基座之上，这种表达方式既反映了布雷对新古典主义在形式与几何方面的兴趣，同时也是对牛顿发现并建立物理学的基本定律的一种呼应。

布雷，剖面，牛顿纪念堂（未建成）
1784年

形制式崇高

除了阿尔克-塞南（Arc-et-Senans）的皇家盐场（Royal Saltworks）之外，勒杜另一著名的作品是"巴黎的山门"（Les Propylées de Paris）——为巴黎建造的一些收取关税与防止走私的税务关卡，这些建筑仿照了雅典卫城入口的形制。不加装饰的石材及形式的简单重复营造了尺度宏大的错觉——尽管建筑物本身的真实规模并不是很大。

克劳德-尼古拉斯·勒杜，维莱特税务关卡，巴黎，法国
1785—1789年

工业式崇高

刘易斯·库比特（Lewis Cubitt）为国王十字车站（King's Cross Station）设计了两座巨大的拱门，拱门与后面的两座站台大厅有着直接的联系，其设计的理念从某种程度上已经接近于功能主义。然而，两座拱门压倒性的尺度也表现了英国维多利亚时代建筑工程的雄心与气魄，与此形成鲜明对比的是建筑师乔治·吉尔伯特·斯科特（George Gilbert Scott）设计的与之相邻的哥特式的米德兰大酒店（Midland Hotel，见127页），后者诠释着崇高主义如何赋予新的工业建筑类型以独特的含义。

刘易斯·库比特，国王十字车站，伦敦，英国
1851—1852年

技术式崇高

作为"大西部铁路"的总工程师，伊萨姆巴德·金德姆·布鲁内尔（Isambard Kingdom Brunel，1806—1859年）负责铺设从伦敦的帕丁顿火车站（Paddington Station）到布里斯托（Bristol）和埃克塞特（Exeter）的火车线路，并在之后设计了帕丁顿火车站高大的候车大厅。在布里斯托，布鲁内尔设计了横跨埃文河（River Avon）的非凡的悬索吊桥，时至今日，这座钢质吊桥仍然可以令人感到敬畏与惊叹，并成为人类科学技术进步的象征。

伊萨姆巴德·金德姆·布鲁内尔，克利夫顿悬索吊桥，布里斯托，英国
1829—1831年设计，1836—1864年建造

虚灵感崇高

约翰·索恩（John Soame）于1792—1824年陆续重建了位于伦敦林肯场北侧的三栋建筑。作为私人的住宅、办公室及"博物馆"，其中收藏了大量的古代文献资料，三栋建筑本身也是索恩建筑思想的展示。其中著名的早餐室清晰地表现了索恩对建筑顶部的光线、材质、形式的浓厚兴趣，将它们视为构成建筑的最本质的元素。

约翰·索恩，早餐室，约翰·索恩"博物馆"，
林肯场，伦敦，英国
1808—1813年

折中主义

文艺复兴以后的建筑师们基本上遵循了维特鲁威的设想，即建筑是对自然界的模仿。而英国18世纪末期开始出现的工业革命，对维特鲁威的准则和其他的几乎所有的建筑理论框架都产生了复杂而显著的影响。在工业革命之前，建筑的出资方几乎全部局限于国家、教会、贵族阶层。经济与社会的变化见证了一批新兴的建筑资助者——资产阶级的诞生，这个阶级主要是富裕的企业家和工业家，这些人通常具有雄厚的资本，更倾向于建造大规模的建筑。社会劳动组织形式的重新构建，以及随之而来的其他社会变革，拉开了新型建筑诞生的序幕：不仅是工厂和仓库，还有新兴的医院、监狱、银行、市图书馆、市政厅和火车站。在工程方面，新材料与新技术的应用——尤其是铁与玻璃的使用，为设计师们提供了建筑新的可能性，同时也在如何使新材料与原有的建筑语言相协调方面提出了挑战。并且，是工程师而不是建筑师首先发展了铁——后来的钢——在建筑工程应用方面的可能性，这种发展是促使建筑师与工程师分化成为两个独立的专业的决定性因素。

风格的相对性

工业革命中迅速涌现出的新建筑投资者们、新建筑类型和新型材料以不可逆转的趋势削弱着文艺复兴时期原则的主导地位，最终动摇了彼时统治着建筑理论与实践的古典主义思想的根基。当建筑摆脱了支配一切的权威性理论之后，随之而来的便是风格的相对性，同时产生的还有经典理论之外的、呈现出通用性与合理性的建筑风格——有些风格甚至已经超出了西方世界的传统理论范畴。因此可以说，折中主义体现的是一种包含了哥特复兴、学院主义（学院派风格）等多种风格并存的建筑文化。

拉斯金和莫里斯

当折中主义赋予了建筑师们在建筑风格方面相对自由的同时，英国人约翰·拉斯金（John Ruskin，1819—1900年）和之后的威廉·莫里斯（William Morris，1834—1896年）建立了一个受到广泛关注并具有深远意义的思想学派，针对新的社会经济和物质条件的现代性对传统手工艺的影响发出质疑。拉斯金强烈反对机械化和标准化对建筑的侵蚀。他在著作《建筑的七盏灯》（*The Seven Lamps of Architecture*，1849年）中发表了自己的宣言，认为只有通过工匠们精巧的手工艺才能使材料得以真实表现，建筑卓越的美感才能够得以实现。拉斯金的倾向是哥特式的，他遵循了哥特复兴倡导者奥古斯塔斯·普金（A.W.N. Pugin，1812—1852年）早期的许多想法，后者曾经试图通过建筑风格的转变，使社会的审美思想与道德精神回溯到中世纪时期的状态。威廉·莫里斯强有力地推动了拉斯金提倡的传统美学与手工艺的主张，发起了旨在整合美学发展与社会改革的工艺美术运动。

结构的理性主义

尽管普金、拉斯金和莫里斯各自的观点存在差异，但是在本质上他们都是"反现代性"的，是对因现代化引发的社会、美学、宗教的剧烈变化的对抗；而其他的一些社会思想家，特别是法国建筑师维欧勒-勒-杜克（Viollet-le-Duc，1814—1879年），看到的则是现代建筑材料蕴含的潜力。尽管勒-杜克也采取了哥特式，但是与前人有所不同的是，他之所以这样做是有着自身独特的思考的：勒-杜克认为中世纪的哥特式建筑是唯一理性地表达出砖石结构的可能性的结构形式。勒-杜克认为这种理性的方法可以被应用在以铁和玻璃——新工业时代的材料——建造的建筑中。然而，理论付诸实践的过程被证明是非常困难的，勒-杜克为后人所知的成就是他创造性地修护了法国的许多中世纪建筑（其建筑手法处于与拉斯金所提倡的不干预主义的模糊的对立面）。

哥特复兴

东方主义

学院派风格

工艺美术运动

新艺术风格

装饰艺术

哥特复兴

地区： 欧洲（尤其是英国），美国，加拿大
时期： 19世纪
特征： 哥特式回归；结构哥特式；自然哥特式；折中哥特式；拉斯金哥特式；现代哥特式

自文艺复兴时期以来，哥特式建筑被广泛认为是丑陋的、非理性的、谬误的，是位于纯净的古典主义之外的危险的"异类"。长久以来所流行的是16世纪中期乔治·瓦萨里所提出的论述：从5—6世纪开始，野蛮人的民族"哥特人"和"西哥特人"成群结队地拥入，不仅摧毁了古罗马建筑，也毁灭了古罗马文明本身。早期的一些将古典建筑与哥特式元素相结合的尝试如尼古拉斯·霍克斯穆尔和约翰·范布勒在英国的一些作品，几乎没有产生实质性的影响。建筑师霍勒斯·沃波尔（Horace Walpole）在英国米德尔赛克斯（Middlesex）的特威克纳姆（Twickenham）地区设计的充满想象力的哥特式的别墅——草莓山（Strawberry Hill，1749—1776年）是体现哥特式与风景画风格在感性认识上存在着某种内在联系的建筑典范，但是霍勒斯·沃波尔并没有对建筑考古学的精确性和对真正的中世纪哥特式建筑所拥有的含义给予很大的关注。

19世纪30年代，主张回归到曾经失去的中世纪宗教传统的牛津运动（High Anglican Oxford Movement）取得了显著成效，最终演变成倾向于天主教传统的盎格鲁-天主教（Anglo-Catholicism）——即英国国教。体现在建筑方面，最好的例子是多产的建筑师与理论家奥古斯塔斯·普金的一些作品（他本人于1834年成为天主教教徒）。普金认为纯正的中世纪哥特式风格建筑将有利于恢复中世纪的良性的宗教信仰与道德精神。作为理论的支持，奥古斯塔斯·普金在他的著作《对比》（Contrasts，1836年）中把15世纪的建筑与现代建筑放在了一起，中世纪的修道院提供的舒适条件与19世纪的济贫院

的恶劣环境形成了鲜明的反差，对于普金来说，其用意已经是显而易见的。

尽管在很多方面拉斯金对普金的思想都持贬低的态度，但是似乎他的许多想法却实际上来源于普金的作品。《威尼斯之石》（The Stones of Venice，1853年）可以说是拉斯金最清晰地陈述了自己的建筑理论的著作，是对之前的《建筑的七盏灯》的发展。在这些论著中拉斯金否定了古典主义的传统，他认为古典主义的起源是异教徒式的，其复苏是令人麻木的，古典主义只是在不断地奴役着为之劳动的工人们。而哥特式——拉斯金认为——与古典主义相反，是自然的和流动的，它允许工匠们有个体表达的机会。对于拉斯金而言，"哥特式"是"真实性"、"工业化来临之前的劳动方式"以及"维系材料、匠人、上帝之间的真诚的关系"的同义词。

第三位哥特复兴的重要理论家是勒-杜克，他的作品则采取了完全不同的方式——更富有感情色彩倾向的哥特式复苏。勒-杜克的著作有《建筑论语》（Entretiens sur l'architecture，1863—1872年），之后被翻译成英文（1877—1881年），在文中他阐明了无论是传统的还是现代的，建筑的本源来自结构的理性和对材料本质属性的真实表达的观点。尽管勒-杜克坚持认为形式只是次要的考虑因素，但是他认为只有在哥特式建筑中，以上的建筑原则才能得到清晰、完美的贯彻。尽管在勒-杜克的建筑作品中，他的理论并没有得到完美的证实，但是其结构的理性主义和忠于材料、真实表达的观念对现代主义的思想家们产生了深远的影响。

哥特式回归

19世纪30—40年代，剑桥卡姆登协会［Cambridge Camden Society，迁到伦敦后更名为教堂艺术学协会（Ecclesiological Society）］，主张通过复兴哥特式建筑重获中世纪的道德与宗教秩序的宣言取得了突出的成效。更准确地说，协会最主要的工作是发表了《教堂建造者须知》（A Few Words to Church-builders，1841年），书中总结并列举了大量的规范条例供建筑师们遵守。

结构哥特式

勒–杜克认为建筑的外部形式应最终能够反映其内部结构，而材料应用于建筑建造的方式应该保持其内在的真实属性。他认为，如果说现代材料可以创造出巨大的跨度、高大的结构空间——例如在他设计的一个音乐大厅中所见到的那样——那么也应该在理性的指导框架下使用。

奥古斯塔斯·普金，圣吉尔斯天主教堂，奇德尔，柴郡，英国
1841—1846年

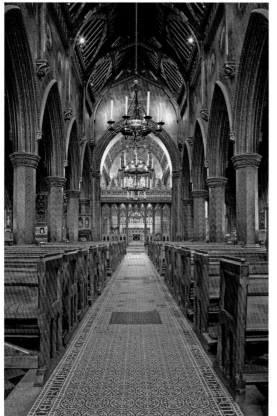

勒–杜克，音乐大厅设计（约1866年），引自《建筑论语》（1863—1872年）

自然哥特式

    动物和植物的骨骼或脉络系统经常被人们认为是"自然"哥特式建筑的灵感来源，勒–杜克尤为支持这种论述。牛津大学自然史博物馆（Oxford's Natural History Museum）纤细的、哥特化的铁质屋顶天窗，与其下的结构骨架之间发出了共鸣；同时，在整个博物馆中各种不同石材的使用，也建立了与自然地质科学的某种关联。

托马斯·迪恩、本杰明·伍德沃德，自然史博物馆，牛津，英国
1854—1858年

折中哥特式

    尽管因教堂建筑设计建立了名气，但是建筑师G. E. 斯屈里特（G. E. Street）的代表作无疑是伦敦的皇家高等法院（Royal Courts of Justice）。在这座建筑的设计中，斯屈里特以一种综合体的方式将各种英国哥特式的风格与形式一并展现出来，这种设计手法折射出当时的时代精神，见证着自然正义原则的起源——自然法在英国司法领域的建立。

G. E. 斯屈里特，皇家高等法院，伦敦，英国
1868—1882年

拉斯金哥特式

拉斯金热情赞扬哥特式装饰的多样性为工匠们提供的个人创造自由。因此他所提倡的是一种进化的哥特式复兴，而不是简单的中世纪哥特式的照搬。建筑师威廉·巴特菲尔德（William Butterfield，1814—1900年）设计的玛格丽特街（Margaret Street）的诸圣堂（All Saints）即体现了拉斯金的思想，这座建筑深受教会的喜爱，在建筑中，砖在色彩装饰与结构上的用途被表达得异常丰富。

现代哥特式

新的建筑类型和工程技术为哥特式的应用与改进提供了机遇。建筑师乔治·吉尔伯特·斯科特设计的米德兰大酒店——现为伦敦圣潘克拉斯万丽酒店（St. Pancras Renaissance London Hotel）——建造完成时是彼时世界上最先进的酒店之一，使整个圣潘克拉斯火车站（St. Pancras Station）呈现出哥特式的风貌，酒店背后是由威廉·亨利·巴洛（William Henry Barlow，1812—1902年）设计的几乎是无柱式空间的列车大厅。

威廉·巴特菲尔德，诸圣堂，玛格丽特街，伦敦，英国
1850—1859年

乔治·吉尔伯特·斯科特，米德兰大酒店，伦敦，英国
1865—1876年

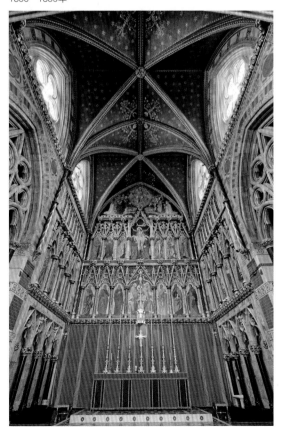

东方主义

地区： 欧洲和美国
时期： 18世纪中期—20世纪早期
特征： 印度式东方主义；埃及式东方主义；摩尔式东方主义；玛雅式东方主义；中国式东方主义；帝国主义风格

东方世界与西方世界之间的交流加深，对建筑的发展产生了深刻的影响。直到现代主义出现之前，甚至是在之后一段时期内，被称为"东方主义"（Orientalism）的风格体系主导着东方与西方相互融合时期的建筑或者其他领域的艺术风格。在《东方主义》（Orientalism，1978年）中，爱德华·萨伊德（Edward Said）论述道：一种明显不同于西方的文化，一种独立的、具有自身完整叙事性的文化——被称为"东方文化"（Orient）。

伴随着不同文化之间发生的碰撞，东方主义文化（包括建筑）开始形成。"新世界"中蕴藏的巨大财富被迅速地开发；国际化的商业组织例如英国和荷兰的东印度公司（British and Dutch East India Companies）建立起了发达的贸易路线，不但进行茶叶和香料等大宗商品的交易，同时也经营诸如瓷器等更具有文化价值的产品。例如，收藏令人着迷的来自东方的中国的青花瓷产品，成为17—18世纪大部分时间内全欧洲的时尚。

最初，对具有东方特色的建筑的尝试主要运用在文化和社会环境控制下的景观园林，在广义上属于带有奇幻性质的风景画风格的一个组成部分。建筑师约翰·纳什为威尔士亲王乔治（George）——后来成为摄政王和乔治四世——设计的位于苏塞克斯（Sussex）的布莱顿皇家府邸（Royal Pavilion in Brighton），是东方主义最初的主要作品之一，建筑具有独特的受莫卧儿（Mughal）影响的外观和华丽的中国艺术风格的室内设计。经历了19世纪，进入到20世纪，东方主义建筑的演变更具多样化，受广义范畴内折中主义与商业契机的影响，所建成的作品体现出埃及式东方主义、摩尔式东方主义甚至玛雅式东方主义风格。

在1911年起成为英属印度的行政首都——新德里的城市规划布局中，埃德温·鲁琴斯爵士（Sir Edwin Lutyens，1869—1944年）和赫伯特·贝克爵士（Sir Herbert Baker，1862—1946年）采用了英国巴洛克风格的形式表达出建筑不朽的纪念性，同时也与印度风格的建筑布局理念相互渗透。这种体现不朽的纪念性的处理手法，被证实是具有足够的灵活性的。

印度式东方主义

　　莫卧儿风格形成于莫卧儿王朝阿克巴大帝
（Mughal Emperor Akbar the Great，1556—
1605年在位）统治时期。使英国建筑师们十分
感兴趣的，不仅仅是因为莫卧儿风格建筑所具
有的高耸的穹顶、装饰性的华丽，也因为其建
筑遵循的对称性——这与西方古典建筑的传统
之间存在着某种联系。约翰·纳什设计的皇家
府邸就是深受印度莫卧儿传统文化影响的作品
典范，同时建筑中也融合了一定的伊斯兰建筑
元素。

约翰·纳什，皇家府邸，布莱顿，英国
1787—1823年

埃及式东方主义

　　拿破仑对埃及的军事行动在欧洲和美国引发了人们浓厚的研究古埃及建筑的兴趣。美国的华盛顿纪念碑——这座高耸的方尖碑于1848年开始建造，在1884年落成时是当时世界上最高的人工建筑，是受古埃及建筑风格影响而设计建造的用于表达永恒性与普世性的最著名的建筑作品之一，并被视为这个新诞生的国家的象征之一。

托马斯·斯图尔特，埃及式建筑，弗吉尼亚医学院，里士满，弗吉尼亚州，美国
1845年完工

摩尔式东方主义

　　马蹄形拱、层叠的立面、抽象的砖砌图案是伊斯兰的摩尔人建筑的主要特色，其中最著名的是14世纪在西班牙的格拉纳达的阿尔罕布拉宫（见81页），尤其令19—20世纪初欧洲和美国的建筑师们着迷。摩尔式的圆顶与尖塔，作为奢华与魅力的象征被装饰在许多美国的旅馆和剧院中。

约翰·A. 伍德，坦帕湾酒店（现在的亨利·B. 普兰特博物馆，坦帕大学），坦帕市，佛罗里达州，美国
1888—1891年

玛雅式东方主义

　　20世纪20—30年代，哥伦布发现美洲大陆之前的中美洲古建筑引起了很多美国建筑师极大的兴趣。玛雅文化为试图突破欧洲传统的建筑师们提供了明晰的本土化的参照范例，如弗兰克·劳埃德·赖特（Frank Lloyd Wright，1869—1959年）在加利福尼亚州的一些住宅就汲取了玛雅式建筑的精华，而罗伯特·斯泰西–贾德（Robert Stacy–Judd，1884—1975年）也将玛雅式的装饰语言与装饰艺术风格进行了融合。

罗伯特·斯泰西–贾德，阿兹特克酒店，蒙罗维亚，加利福尼亚州，美国
1924年

中国式东方主义

与其他绝大多数建筑师不同，威廉·钱伯斯在瑞典东印度分公司工作期间对中国（还有孟加拉国、印度）进行了实地考察。他曾担任过威尔士亲王——后来的乔治三世（George III，1760—1820年在位）的私人建筑教师，之后应威尔士亲王的妹妹——奥古斯塔公主（Princess Augusta）的邀请作为邱园（Kew）的建筑师。钱伯斯为邱园设计了许多建筑，包括一座10层的宝塔。在这座建筑中他运用了中国式建筑的手法。

帝国主义风格

埃德温·鲁琴斯与赫伯特·贝克爵士所设计的总督府（Viceroy's House），位于新德里市盛大仪式与行政管理的中心。鲁琴斯在总督府的设计中一方面深受克里斯托弗·雷恩的作品——尤其是伦敦的格林威治医院（Greenwich Hospital）的建设与拆除方案的影响；另一方面，他也融合了当地的印度风格建筑的特色，这种融合体现在建筑彩绘、装饰细节与"chhatris"（印度式的类似于穹顶的屋顶形式）的运用上。

威廉·钱伯斯爵士，宝塔，皇家植物园，邱园，伦敦，英国
1761年

埃德温·鲁琴斯爵士、赫伯特·贝克爵士，总统府（原总督府），新德里，印度
1912—1930年

学院派风格

地区： 法国和美国
时期： 19世纪中期—20世纪早期
特征： 层叠立面；抬高立面；铁质结构；轴线规划；市民建筑；现代建筑类型

学院派风格（Beaux-Arts）得名源自巴黎美术学院（École des Beaux-Arts in Paris），因为许多学院派风格的主要倡导者都曾就读于这所学校。另外的学院派艺术家则在其他的特别是在美国的建筑院校受到学院派研究方法、哲学思想的教育。巴黎美术学院的历史可以追溯到17世纪。1648年，路易十四的重臣马萨林（Mazarin）首先成立了皇家美术与雕塑学院（Académie Royale de Peinture et de Sculpture）。与之相对应的，皇家建筑学院（Académie Royale d'Architecture）在让–巴蒂斯特·科尔贝的推动下最终于1671年建立，科尔贝同时是马萨林的继任者，他十分看重通过文化尤其是建筑来体现与颂扬太阳王（Sun King）的威严。1816年，这两所机构合并成为巴黎美术专业学院（Académie des Beaux-Arts）；1863年，这所学院被拿破仑三世（Napoleon III）授予了独立于政府控制之外的学术自由地位，并正式改名为巴黎美术学院。

这所学校的哲学思想也能体现出自身的悠久历史：传授艺术与建筑的古典传统几乎是学校教学唯一的重点。学院不关心有关建筑工程与施工方面的问题，学生们主要研究古希腊和古罗马建筑以及一些文艺复兴和巴洛克风格的建筑。工作室是由有实际经验的建筑师开办的，在建筑师的指导下学生们可以获得许多实用的技术与方法。接下来学生把原始的草图深化成通常是表达精确详细的图纸，这些图纸将被送交给专家小组或委员会进行评审。

这种严格的学院式教学方法造就了相对一致的学院派风格，强调宏伟的古典式立面以及层次分明而丰富的装饰与雕刻。室内设计在很大程度上与建筑外部的表达语言相呼应，通常会添加各种制作精良的有镀金效果和多彩的抛光大理石。轴线式的规划通常在大尺度范围内将仪式性的空间与服务性的领域进行分隔。所有的这些表达形式促成了一种学院式的、人工痕迹的风格，而建筑的戏剧性几乎被杜绝了，装饰与雕塑的组合模式被固定下来，接近于一种肖像式的建筑理念。

学院派风格在19世纪下半叶—20世纪的一段时间内被广泛地应用，尤其是在美国，产生了一批有影响力的建筑师，如亨利·霍布森·理查森（Henry Hobson Richardson，1838—1886年），查尔斯·弗伦·麦金（Charles Follen McKim，1847—1909年）与其合作伙伴约翰·莫文·卡雷尔（John Merven Carrère，1858—1911年）和托马斯·黑斯廷斯（Thomas Hastings，1860—1929年），一些美国的学校也采用学院派的教学理念，第一个采用的是1892年的麻省理工学院。一年以后，在为纪念哥伦布航行400周年而举行的芝加哥哥伦布纪念博览会（World's Columbian Exposition in Chicago）上，著名的"白色城市"（White City）的理念标志着学院派风格对美国的影响以文字的形式得到巩固。由规划师丹尼尔·伯纳姆（Daniel Burnham，1846—1912年）所倡导的宽阔的林荫大道、白色的学院派建筑、被灯火所照亮的夜晚，试图表达在经历了现代性的洗礼之后，一种属于美国的独特的精神与文化。

层叠立面

学院派风格的外立面通常是层叠状的，有着多层次的古典的元素或雕塑，在整体效果上则表现为协调一致的特征。在建筑师查尔斯·吉洛尔（Charles Girault）设计的小皇宫（Petit Palais）中，通过重复出现的雕塑装饰，将立面中其他的独立构件联系在一起。以水彩画的建筑透视图表达建筑理念、建筑方案，模拟真实的光影效果是学院派风格的传统，分层次的立面处理手法则可以说是这种设计方法所引发的一种结果。

查尔斯·吉洛尔，小王宫，巴黎，法国
1896—1900年

抬高立面

典型的学院派建筑通常有一层高高的朴实粗糙的基座作为建筑的底层；底层有着高大的门厅，通常以重复出现的凹进的拱形开口构成立面的秩序；搭配以浮雕装饰的厚重的檐口和宽敞的阁楼层。特别是在一些大型的建筑中，例如加尼耶宫（Palais Garnier），整个建筑的顶部会放置装饰雕像或低矮的穹顶。

查尔斯·加尼耶，加尼耶宫，巴黎，法国
1861—1874年

铁质结构

尽管在巴黎美术学院接受过教育，并且也显然部分地继承了学院派的传统，建筑师亨利·拉布鲁斯特（Henri Labrouste，1801—1875年）同时也受到建筑理性主义的影响。在他的很多作品中，包括他为圣-日内维耶图书馆（Bibliothèque Sainte-Geneviève）的阅览室以及稍后的法国国家图书馆（Bibliothèque Nationale）所作的设计中，拉布鲁斯特都戏剧性地使用了铁质的结构框架创造出高耸而轻盈的室内空间。

亨利·拉布鲁斯特，阅览室，法国国家图书馆，巴黎，法国
1862—1868年

轴线规划

尽管巴郎·豪斯曼（Baron Haussmann，1809—1891年）是一个规划师而不是建筑师，但他在1853—1870年的巴黎重建计划是对学院派风格的继承与发扬。为了建造宽阔的大道，豪斯曼拆除了中世纪的原有建筑（拓宽马路据说是用以防止人群的拥堵）。在原有纪念性建筑——如在巴黎凯旋门——周围建造宏伟的建筑群，而新增的纪念性建筑被放置在大道的交叉点。

巴郎·豪斯曼，星形广场（今戴高乐广场），巴黎，法国
1853—1870年

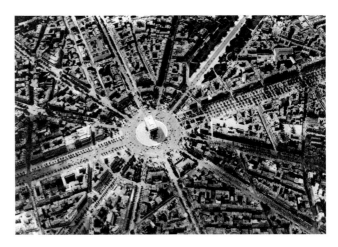

市民建筑

学院派建筑师经常被委托建设宏伟的市民建筑，这些建筑通常是一座城镇或城市信心的象征。由卡雷尔和黑斯廷斯设计的具有纪念碑性质的纽约公共图书馆（New York Public Library）是学院派风格在美国最杰出的实践之一，也是学院派风格进入成熟时期的典型代表。同时，在这一时期的学院派风格作品中也包括大量的私人住宅、商业建筑和一些城市规划设计。

卡雷尔、黑斯廷斯，纽约公共图书馆，纽约，美国
1897—1911年

现代建筑类型

现代化社会的发展颠覆了通过建筑规模即可以推断出建筑重要性的传统。工厂、仓库和火车站都需要庞大的结构，这些建筑类型的建设打破了以往的惯例。学院派风格在这些新型建筑中得到广泛的应用，赋予其市民化建筑的外表。

里德、斯坦姆、沃伦、韦特莫尔，中央车站，纽约，美国
1903—1913年

工艺美术运动

地区： 英国，美国
时期： 19世纪中期—20世纪早期
特征： 乡土性；画面感；家庭氛围；本土材料工艺；去中心性；花园式郊区

无论是在精神上还是在理论上，由威廉·莫里斯领导的工艺美术运动表现了一种反对现代化的作用与影响的美学方面与理想主义的思想。受到拉斯金的影响，莫里斯致力于重新整合美学与日常手工艺品。莫里斯是一位坚定的社会主义者，他强烈认为现代化的劳动分工是非人性化的，并主张建筑师和艺术家们应该重新回归成为手艺匠人，以推翻机器对人类的统治。尽管莫里斯的观点是反现代性的——这一点在他全力促成1877年古建筑保护协会（Society for the Protection of Ancient Buildings）的建立中也可以看出——但是莫里斯的公司在商业上同时也在艺术上获得了成功，制造出大量的家具、纺织品、地毯和墙纸，这些产品的设计灵感大部分来自中世纪晚期。在这个不断产生着巨大变革的时代里，莫里斯使大量的传统工艺得以恢复，但是莫里斯并没有对过去进行简单、盲目的模仿，而是注重恢复并忠实于传统工艺的工作方法和基本原则。

工艺美术运动在建筑方面的特征表现为一种浪漫的历史主义，唤起人们对在现代化与肮脏的工业城市出现之前的传统的农村生活方式的回忆。1859年，在由建筑师菲利普·韦伯（Philip Webb，1831—1915年）设计的莫里斯在肯特郡的红屋（Red House）中，传统的建筑手工艺与多种建筑风格相结合，例如中世纪风格与安娜女王式（Queen Anne Style）的圆窗的结合。而工艺美术运动的另一些主要建筑师，特别是理查德·诺曼·肖（Richard Norman Shaw，1831—1912年），对现代性的对抗则不像莫里斯一样强烈，他们将精致的现代性的表现形式与都铎风格的半木边框式（half-timbering）、詹姆斯式（Jacobean）、荷兰文艺复兴风格（Dutch Renaissance）和英国巴洛克风格（English Baroque）等各种风格进行了融合。

工艺美术运动的理念在国际范围内产生了影响。在德国，赫尔曼·穆特修斯（Hermann Muthesius，1861—1927年）是工艺美术运动的主要倡导者，对德意志制造联盟（Deutscher Werkbund）的艺术家、建筑师、设计师以及企业家们产生了深远的影响。美国的许多建筑师在建筑作品中也直接采用了工艺美术运动的理念，其中最杰出的建筑师是亨利·霍布森·理查森，他的作品也对其后的追随者路易斯·沙利文（Louis Sullivan，1856—1924年）和弗兰克·劳埃德·赖特产生了深远的影响。

19世纪，针对现代性所带来的改变，人们产生了大量的反响，提出了许多新的社会和城市的理论模型：从查尔斯·傅立叶（Charles Fourier）的乌托邦城市理念的提出到约克郡利兹（Leeds）的索尔泰尔（Saltaire）工业新镇的建立——这座城镇从1851年开始建设，由企业家提图斯·索尔特爵士（Sir Titus Salt）为他雇用的工人们提供体面的住所。埃比尼泽·霍华德的著作《明日：一条通往真正改革的和平道路》（Tomorrow: A Peaceful Path to Real Reform，1898年），则揭开了具有影响力的"花园城市"运动的序幕。霍华德的理念融合了乌托邦式的乐观主义与摒弃过度拥挤的工业城市的道德信念，提倡城郊优点相结合的城市模型，在模型中，他特别强调了家庭住宅的重要性，并主张通过设置充足的绿化空间、工作地点集中并临近居民住宅的途径，使个人与社会之间建立良好的平衡，最终建立一座理想的城市。尽管霍华德并没有为花园城市指派特定的建筑风格，但是在赫特福德郡（Hertfordshire）莱奇沃思花园城市（Letchworth Garden City）——第一座新型城镇的建设中，大部分建筑遵循了工艺美术运动的理念，这从侧面反映了两个社会运动之间相互契合、相互促进的内在联系。

乡土性

　　莫里斯在贝克里斯希斯（Bexleyheath）的红屋无疑是代表着工艺美术运动的"宣言"式的建筑。这座建筑由红砖建造，融合了中世纪风格和安娜女王式风格，摒弃了主流的立面主义的设计观念，转而关注建筑独特的乡土气质，房屋包括花园中的每一个组成构件都经过工匠们的精心设计。

菲利普·韦伯，红屋，贝克里斯希斯，肯特郡，英国
1859年

画面感

　　伦敦西部的贝德福德公园（Bedford Park）建造于1875年，并对外强烈宣称是第一座花园式郊区。为了倡导新的理念，公园的奠基者乔纳森·卡尔（Jonathan Carr）委托建筑师理查德·诺曼·肖设计建造了大量的房屋。肖所设计的建筑（很大程度上属于安娜女王风格）为新建的街区营造出了视觉上自然的、风景画般的丰富性——这种特征反复出现在工艺美术运动设计作品中。

理查德·诺曼·肖，贝德福德公园，伦敦，英国
1875—1886年

家庭氛围

　　工艺美术运动的建筑师们认为：只有通过私人的住宅，手工艺才可以对人们的日常生活模式产生直接的作用——这一理念对现代主义思想有着重要的意义。由建筑师M. H. 巴里·斯科特（M. H. Baillie Scott）设计的布莱克威尔（Blackwell）休假别墅，是为曼彻斯特的酿酒商爱德华·霍尔特爵士而建造，建筑风格的平衡性、建筑材料的选取，以及由莫里斯和查尔斯·沃塞（Charles Voysey，1857—1941年）所提供的家具都为主人的家庭生活营造了一种和谐的气氛。

M. H. 巴里·斯科特，布莱克威尔休假别墅，温德米尔湖湖畔，鲍内斯镇，坎布里亚郡，英国
1898—1900年

本土材料工艺

　　沃塞的设计隐藏在相对简约性的表象之下的是高度的感性与手工艺的精致性。在布罗德莱斯别墅（Broad Leys）的设计中，沃塞采用了本地的石材用于建造大面积的弓形窗，营造出了具有坎伯里亚（Cumbrian）特色的景观。沃塞使用的"水平带窗"（wide-banded window）和"平面式表面"（plain surface）等建筑形式被建筑历史学家尼古拉斯·佩夫斯纳（Nikolaus Pevsner）评价为预示着现代主义风格的产生——尽管沃塞本人经常拒绝人们以这种方式对他的作品进行解释。

查尔斯·沃塞，温德米尔湖湖边别墅，坎伯里亚郡，英国
1898年

去中心性

　　"花园城市"的建立为高密度、中心化的现代工业城市提供了一个新的可供选择的方案，最早采用了系统的分区方式将城市工业区域、住宅区域和绿化区域进行分离，以提高居民的生活质量，并认识到了地区性就业中心的必要性。其结果是在莱奇沃思花园城市的建设中被证明为花园城市表现出几乎与城镇郊区完全一致的外观特征。

雷蒙德·昂温、巴里·帕克，莱奇沃思花园城市，赫特福德郡，英国
1903年开始建造

花园式郊区

　　尽管大量地借鉴了霍华德的观点，但是花园式郊区理念在实际上却背离了霍华德的规划哲学思想，而在城市中加入一些花园式郊区，间接上加剧了霍华德曾试图缓解的现状。作为伦敦市的一部分，汉普斯特德花园郊区（Hampstead Garden Suburb）以工艺美术风格的建筑创建出了一种田园般的郊区生活氛围；在此之后，一些现代主义的住宅也纷纷建造在这里，体现着花园城市的理念对现代主义规划思想所产生的影响。

斯温伯恩、立顿·克罗斯，汉普斯特德花园郊区，巴尼特（现位于伦敦），英国
1934—1936年

新艺术风格

地区： 欧洲，尤其是布鲁塞尔、巴黎和维也纳
时期： 19世纪末期—20世纪初期
特征： 有机形式；表达现代性；象征主义；材质的对比；维也纳分离派；反装饰

出现于19世纪末期并流行至1914年第一次世界大战爆发前夕的新艺术风格（Art Nouveau）可以说是第一个属于先锋派的建筑风格，在德国被称为青年风格（Jugendstil），其影响范围包含了所有的设计领域与装饰艺术领域。在1900年巴黎世界博览会（1900 Paris Exposition Universelle）上引起的轰动，使新艺术风格迅速成为一种国际现象，在另一方面，新艺术风格的兴起也得益于其在印刷品与平面设计领域的传播。新艺术风格第一次出现是在比利时建筑师维克多·霍塔（Victor Horta，1861—1947年）和亨利·凡·德·威尔德（Henry van de Velde，1863—1957年）的作品中，最典型的例子就是前者于19世纪90年代在布鲁塞尔设计建造的三家酒店和具有开创性的现在已经被毁坏的"人民之家"（Maison du Peuple）——曾经是比利时社会党的总部。

在很多方面，新艺术风格在手工艺内在的主观性与现代性机械化生产的客观性之间起着承上启下的纽带作用。站在"手工艺的主观性"立场上，我们可以看到加泰罗尼亚（Catalan）建筑师安东尼·高迪（Antoni Gaudí，1852—1926年）设计的众多作品——他的建筑作品接近于新艺术风格。受罗斯金的影响，高迪选择了哥特式建筑风格，而尤为特别的是，他创造出了专属于加泰罗尼亚地区的建筑风格——他设计的建筑通常基于复杂的象征符号与几何形状，并完全通过手工艺的方式呈现。与高迪相对应的，埃克多·基马（Hector Guimard）设计的巴黎地铁站的入口则表现出了对"机械化生产的客观性"的认同，运用新艺术风格的建筑形式向世人传达新型现代化基础设施的诞生。

20世纪初期，许多之前加盟新艺术风格的建筑师已经开始尝试对原有的形式语言进行超越。查尔斯·雷尼·麦金托什（Charles Rennie Mackintosh）设计的格拉斯哥艺术学院（Glasgow School of Art，1897—1909年）是表现出这种艺术风格倾向的最重要的作品之一。在建筑的设计中，麦金托什打破常规地利用了场地倾斜的角度，创建出了一连串各不相同的建筑空间，每个建筑空间的设计都遵循其使用功能（例如为工作室提供采光的北侧开窗，为博物馆空间提供采光的天窗）。麦金托什在建筑室内运用木材与铁创造出的充满活力的质感，新颖的令人称奇的空间与光线的处理手法，唤起人们对新艺术风格的回忆。

尽管麦金托什的作品最初在英国并没有引起很大关注，但是对维也纳分离派（Vienna Secession）的影响却非常巨大。维也纳分离派成立于1897年，由一批从保守派的维也纳艺术之家（Vienna Künstlerhaus）中脱离出来并对其进行反抗的艺术家和建筑师组成。奥托·瓦格纳（Otto Wagner）发表的《现代建筑》（Moderne Architektur，1895年）是维也纳分离派的一篇重要的宣言，宣言中主张建筑应遵循新艺术的哲学思想，同时提倡通过使用适当的材料和技术体现建筑作品的现代性。维也纳分离派的建筑作品，如瓦格纳的邮政储蓄银行（Post Office Savings Bank，建于1894—1902年），建筑的外观更倾向于平面化，去掉了大量的与新艺术风格相关的装饰。这种表现出现代文化思想的摒弃不必要的装饰物的尝试，在不久之后阿道夫·路斯（Adolf Loos）的著名文章《装饰与罪恶》（Ornament and Crime，1908年）中得到了进一步的逻辑性的论述。

有机形式

　　新艺术风格最容易被识别的特点是其优美的带有流动感的有机形态，如鲜花、葡萄藤和叶子，通常体现在铁艺制品中——这在很多方面有意识地呼应了学院派风格。霍塔在布鲁塞尔的塔塞尔旅馆（Hôtel Tassel）中设计的楼梯将众多有机形式和谐地布置在结构与建筑构件中，营造出具有张力和运动感的视觉场景。

维克多·霍塔，塔塞尔旅馆，布鲁塞尔，比利时
1892—1893年

表达现代性

　　得益于战前大繁荣的"美好时代"（Belle Époque），埃克多·基马为巴黎地铁站入口所作的设计最终得到了大规模的生产和应用，这些新奇的、有生命力的有机建筑形式矗立在地面上，向人们宣告着现代化的新型交通系统开始登上历史的舞台。基马设计的结构形式受到了勒–杜克的影响，并基本上遵循了后者的结构理性主义的理论，但是并没有向哥特式的建筑风格倾斜。

埃克多·基马，地铁站入口，巴黎，法国
1900年

象征主义

高迪的代表作——巴塞罗那的圣家族大教堂（Sagrada Familia in Barcelona）从每一个角度看上去都充满了奇幻的感觉，高迪的建筑超越了新艺术风格。融合了北非的柏柏尔人（Berber）的建筑风格、哥特式风格以及有机建筑形式，高迪在理性主义的巴塞罗那城市规划网格中创造出动态的张力，其建筑表现出的几乎是超自然的外观，这暗示着他与超现实主义艺术家（Surrealists）的作品之间存在着某种联系，尤其是他的同乡——加泰罗尼亚的萨尔瓦多·达利（Salvador Dalí）。

材质的对比

相对于学校里的其他建筑，格拉斯哥艺术学院的图书馆建造较晚，在室内沿着双层通高空间的边缘插入一个水平夹层，由下面的托架进行支撑。托架的形式被精心设计，与书架和家具一同创造出丰富的动态线，并与材料、光影之间形成对比——这种抽象的表现手法成为新艺术风格室内设计中经常出现的特征之一。

安东尼·高迪，圣家族大教堂，巴塞罗那，西班牙
1884年开始建造

麦金托什，图书馆，格拉斯哥艺术学院，格拉斯哥，英国
1908年

维也纳分离派

维也纳分离派的艺术家和建筑师们直接对抗的是维也纳艺术之家的保守历史主义，在更广的范围内反对的则是沿着著名的环城大道（Ringstrasse）而建造的古板的19世纪中期的建筑。约瑟夫·马里亚·欧尔布里希（Joseph Maria Olbrich）所设计的形象鲜明的分离派展览馆（Secession Building），室内装饰由画家古斯塔夫·克里姆特（Gustav Klimt）完成，是维也纳倡导新精神的代表性建筑，这一点在维也纳分离派的刊物《春之祭》（*Sacred Spring*，1898—1903年）中也被加以强调。

约瑟夫·马里亚·欧尔布里希，分离派展览馆，维也纳，奥地利
1897—1898年

反装饰

尽管对于阿道夫·路斯而言，将时间与精力浪费在装饰上的行为等同于犯罪，然而客观存在的一个共识是：装饰——如雕塑或绘画——是可以帮助建筑传达其内在的含义的。约瑟夫·霍夫曼（Josef Hoffman）设计的位于布鲁塞尔的斯托克莱特宫（Palais Stoclet），为企业家和艺术品收藏家阿道夫·斯托克莱特（Adolphe Stoclet）所有，建筑在很大程度上摒弃了一切装饰。但是，事实上通过装饰与建筑形式，建筑的确可以承载更多不同的想法与解读。

约瑟夫·霍夫曼，斯托克莱特宫，布鲁塞尔，比利时
1905—1911年

装饰艺术

地区： 美国，欧洲
时期： 20世纪20—30年代
特征： 速度与动感；华丽；直线性；异国情调；残留的古典主义；几何形式

1925年巴黎举行的世界博览会，使装饰艺术（Art Deco）迅速登上世界性的舞台。博览会的根本目标是再次确立巴黎作为世界设计、时尚、高端消费产品中心的国际地位；并且在博览会上，装饰艺术的称呼得以正式确立。各种国家级展馆以及顶级设计师、知名百货公司的展厅，展示着当时最时尚的产品，也展示着建筑本身。与此同时，整个巴黎被带入了崭新的城市轨道：林荫大道两侧商店的橱窗里点缀着精致的陈列摆设，夜晚的城市街道、桥梁和公园灯火通明，甚至埃菲尔铁塔也在雪铁龙（Citroën）公司的商标的装饰下焕发出光彩——这一切公然地宣告着消费主义时代的来临，象征着法国先进的工业与设计水平。

尽管博览会的组织者的初衷是体现"现代性"，但是包括瑞典、荷兰和法国在内的许多展馆的产品陈设，还是呈现出传统性与现代性两个极端共存的状态，这种内在的矛盾性在许多方面对装饰艺术起着定义性的作用。由皮埃尔·巴度（Pierre Patout）设计的受人欢迎的展馆——"收藏家之馆"（Hôtel d'un Collectionneur）就体现了这一悖论，建筑的室内陈设由雅克–埃米尔·鲁尔曼（Jacques-Emile Ruhlmann）设计，在大沙龙的设计中，埃米尔将一些前卫的巴黎艺术家和设计师召集在一起，创造出的建筑空间是大胆的、现代化的，而房间椭圆的形状和沙龙的功能又唤起了人们对历史和传统的回忆。

现代主义者展出的作品也让这次博览会的意义更为显著。勒·柯布西耶在他的"新建筑精神展厅"（Pavillon de l'Esprit Nouveau）里展出之后饱受诟病的伏阿辛规划（Plan Voisin）；同时康斯坦丁·梅尔尼科夫（Konstantin Melnikov，1890—1974年）在构成主义的苏联馆（Constructivist Soviet pavilion）中展示了其在苏联革命后进行的大胆的艺术实践。虽然同时出现在这次博览会中并在未来的十几年中得到发展，但是与这些现代主义者先驱的实践完全不同的是，装饰艺术几乎完全规避了任何学术上的探讨或者是社会与道德层面的议题，可以说这是一种纯粹的感官意义上的风格，它的特点体现在其不加辨别便欣然接受各种来源的装饰、色彩、丰富的材料以及自身有光泽的外表上。

如果非要下一个结论的话，装饰艺术所代表的是一种模糊的乐观情绪，是对现代化所带来的可能性持有的乐观态度，装饰艺术并不是要"打破旧有的时代"（现代主义所主张的），它所表达的是一种大众化的，更确切地说，是一种"鼓励消费"的奢华感。建筑——尤其是新兴的剧院与电影院——只是装饰艺术的一种表现形式，装饰艺术也广泛应用在大到远洋客轮、汽车，小到电话、收音机等各种各样的产品设计中。装饰艺术是英国作家伊夫林·沃（Evelyn Waugh）在其小说《罪恶的躯体》（Vile Bodies，1930年）中所讽刺的充满激情与魅力的"爵士乐时代"（Jazz Age）与时尚的、舞会盛行的"光彩年华"（Bright Young Things）的缩影。

速度与动感

　　装饰艺术将摩登时代的发展速度具象化，从汽车设计、火车设计和远洋客轮设计的形式中获取灵感。摩天大楼的建造无疑是这种理念作用在建筑上的产物，特别是威廉·凡·阿伦（William Van Alen）设计建造的雄伟的克莱斯勒大厦（Chrysler Building），这座建筑在很短的时间内便建成了，并在几个月中保持了世界上最高建筑的纪录。

威廉·凡·阿伦，克莱斯勒大厦，纽约，美国
1928—1930年

华丽

伦敦的第一个真正意义上的幕墙建筑——
欧文·威廉姆斯爵士（Sir Owen Williams）设计
的每日快报大楼（Daily Express Building），其
光滑的瓷板和铬条固定的玻璃所构成的严谨的
外立面，掩盖了内部富有魅力的入口大厅。在大
厅的设计中，设计师罗伯特·阿特金斯（Robert
Atkinson）尝试了装饰艺术的各种可能性。室内
采用镀金与白银进行的装饰，巨大的闪着光泽的
垂饰，埃里克·阿蒙尼（Eric Aumonier）创作的
带有异国情调的浮雕——这些元素的结合使观
者感受到了一种炫目的华丽。

埃利斯、克拉克、欧文·威廉姆斯爵士（罗伯特·阿
特金斯设计入口大厅），每日快报大楼，伦敦，英国
1929—1933年

直线性

如果说新艺术风格的特点是曲线的、有
生命力的和有机的，那么装饰艺术建筑则完全
是直线性的。在某种程度上，直线性的特点受
到了残留的学院派风格的轴线式规划理念的影
响，然而这同时也是为满足现代化的建筑类型
如工厂对室内空间的需求而使用直线的结构框
架所导致的必然结果。

沃利斯·吉尔伯特与合伙人，胡佛工厂，佩里维
尔，伦敦，英国
1935年

异国情调

纳皮尔（Napier）的每日电讯报大楼
（Daily Telegraph Building），建于一场摧毁了
大部分城市的地震之后，建筑遵循了装饰艺术
的时尚，其采用的壁柱与装饰都隐喻出埃及建
筑的特色。这种引用——如对玛雅建筑和亚洲
建筑的引用，在其他的装饰艺术建筑中也经常
出现，这表明了现代化的发展使国际旅行的吸
引力与日俱增。

欧内斯特·阿瑟·威廉姆斯，每日电讯报大楼，纳
皮尔，新西兰
1932年

残留的古典主义

尽管装饰艺术唤起了现代性，但是在平面布局中它仍然被放置于古典主义的秩序之下。英国建筑师查尔斯·霍顿（Charles Holden，1876—1960年）的作品在风格上接近于装饰艺术风格，使古典主义的感性和现代性的建筑形式与布局进行优雅的结合，最著名的例子是他设计的伦敦地铁站，包括阿尔诺园（Arnos Grove）地铁站，其建筑的灵感来源于古纳尔·阿斯普朗德（Gunnar Asplund）在瑞典设计的斯德哥尔摩的公共图书馆。

查尔斯·霍顿，阿尔诺园地铁站，伦敦，英国
1932年

几何形式

与直线性一样，装饰艺术的几何形式与新艺术风格的流动性的曲线形成了鲜明的对比。锯齿形、V字形、同心形和其他形状在装饰艺术中经常出现，上面往往会镶嵌现代性的建筑材料，例如胶木（一种塑料制品）或铝合金。无线电城音乐厅（Radio City Music Hall）的同心拱门——在众多的装饰艺术风格的剧院和电影院中最为有名——以一种动态的方式引导人们的注意力向舞台集中。

爱德华·斯通（室内设计：唐纳德·德斯基），无线电城音乐厅，洛克菲勒中心，纽约，美国
1932年

现代主义

整个19世纪，建筑师们一直在讨论工业革命所带来的技术进步应该如何反映在建筑学上，甚至是否应该反映在建筑学上。现在被广泛地理解为现代主义的思想，产生于建筑不仅要反映现代精神，而且在道德上有责任去这样做推论。有人认为，现代主义作为在各种现代化条件下的文化界回应，有着改变人们的生活、工作方式并且从根本上改变人们对周围世界的认知与反应的巨大影响力。

走向新建筑

尽管早期已经进行过一些实践，但是直到第一次世界大战之后，建筑界才完全投入现代主义的怀抱。1918年，瑞士建筑师查斯·爱德华·让纳雷（Charles Édouard Jeanneret，1887—1966年）——更为世人所知的是他之后所使用的笔名：勒·柯布西耶——与画家阿梅德·奥占芳（Amédée Ozenfant）一起发表了宣言《立体主义之后》（*Après le cubisme*）。他们一起反对立体派所主张的分离与破碎，转而提出体积的概念要优先于所有其他的物质所具有的特质。

在不久之后的1923年，勒·柯布西耶发表了其最重要的著作《走向新建筑》（*Vers une architecture*），直至今日我们仍然可以感受到这本书对现代社会的影响。他呼吁建筑师们推翻传统观念并拥抱符合现代性的新价值观，而他认为这些新的价值观已经体现并运用在远洋客轮、飞机以及现代化的标志——汽车的设计中。勒·柯布西耶明确地提出了对新建筑的基本组织原则起着纲领性作用的"新建筑五点"（Five Points）：（1）建筑应该离开地面由纤细的柱子支撑——或者说底层架空；（2）（3）结构支撑体系进而与室内外空间的划分相分离，使"自由"式立面和"自由"式平面成为

可能；（4）长长的水平带形窗将提供充足的日光；（5）屋顶花园的设置，可以将建筑所占据的地面回归自然。"新建筑五点"在勒·柯布西耶的住宅建筑中得到充分的阐述，对后世产生了深远的影响。

勒·柯布西耶向世人宣告了他所提倡的全新的理念，另一方面，在德国的其他一些重要的建筑师如沃尔特·格罗皮乌斯（Walter Gropius，1883—1969年）和路德维希·密斯·凡·德·罗（Ludwig Mies van der Rohe，1886—1969年）——曾经与勒·柯布西耶一同受教于彼得·贝伦斯（Peter Behrens，1868—1940年）——也极大地推动了现代主义的前进，并成为这场"现代主义运动"的领军人物。1919年，格罗皮乌斯创立了先锋的魏玛包豪斯学校（Bauhaus school in Weimar），该校灵活地结合了艺术、手工艺与工业设计的风格，与当时在苏联兴起的艺术机构有着很大的相似之处。1925年，包豪斯的校址迁到德绍（Dessau），这使得格罗皮乌斯有机会为学校设计了一座新的建筑，这座建筑立即成为现代主义风格的标志性建筑。密斯本人则于1930年开始担任包豪斯的校长，直到1933年学校在纳粹政权的统治下被关闭。

国际现代主义

1932年，历史学家亨利-拉塞尔·希区柯克（Henry-Russell Hitchcock）和建筑师菲利普·约翰逊（Philip Johnson，1906—2005年）在纽约现代艺术博物馆（MoMA）举行的展览（之后在美国巡回展出）将现代主义推向了国际化的舞台。展览将勒·柯布西耶、密斯、格罗皮乌斯以及美国建筑师弗兰克·劳埃德·赖特的建筑作品综合起来，统一称为新的"国际风格"。然而，直到第二次世界大战之后，现代主义建筑才真正地走向国际化，建筑师们牢牢地抓住了"如何为新的时代赋予适当的建筑形式"的基本问题，百家争鸣。

芝加哥学派

表现主义

新客观主义

国际风格

功能主义

构成主义

集权主义

夸张的古典主义

本质主义

粗野主义

新陈代谢主义

高技派

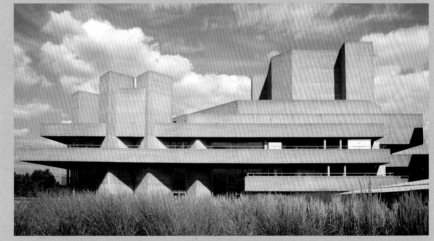

芝加哥学派

地区： 美国
时期： 19世纪80年代—20世纪初期
特征： 钢结构框架；直线式外立面；方形建筑；高度；派生于古典的装饰；石材表面

虽然在整个20世纪的进程中，摩天大楼成为纽约的代名词，然而这种典型的现代主义建筑类型却诞生于19世纪最后几十年的芝加哥。随着19世纪中期开始的铁路建设，早期的芝加哥发展得越发开放，已然成为美国西部重要的门户。1871年的一场大火几乎将这座城市的中心全部摧毁。破坏以及随后的重建在无意中提供了一次千载难逢的契机，在无意中巩固了芝加哥在经济、建筑上成为美国最重要的城市之一的地位。

芝加哥学派——这些19世纪与20世纪之交活跃在芝加哥的建筑师们——通常并不认为自己是现代主义者，至少从他们的作品所表现出的传统性的外观上去判断是这样的。然而，如果从建筑师如何为建筑物赋予了适当的形式以反映出现代性的建造方式和新时代的精神——现代主义的最关键性的命题的角度来考虑，芝加哥学派的建筑师们则属于那些最早抓住并努力解决这一问题的先行者。

在1896年发表的一篇题为《高层办公楼在艺术方面的考虑》（*The Tall Office Building Artistically Considered*）的文章中，路易斯·沙利文——芝加哥学派最著名的建筑师——提出高层建筑应积极拥抱这样一种特征：它们的主要建筑表达方式应该是属于垂直式的。这篇文章在某种程度上阐述了沙利文与其他建筑师在芝加哥经过十多年的实践之后总结出的一种"理性化之后"的经验。由威廉·勒·巴伦·詹尼（William Le Baron Jenney，1832—1907年）设计的形式为立方体的第一拉埃特大厦（First Leiter Building，1879年），建筑被视为一个整体，通过建筑的外观可以体现出其内部钢框架和常规楼板的结构形式。在马歇尔·菲尔德百货大楼（Marshall Field's Wholesale Store，建于1885—1887年）的设计中，建筑师亨利·霍布森·理查森（Henry Hobbson Richardson）将结构网格上与詹尼之前设计的一座建筑相匹配，在外观上则展现出了一种抽象的纪念碑式的古典风格，使人依稀回想起文艺复兴时期的宫殿，而隐藏在粗制石材立面背后的大型钢框架结构则宣告着这座建筑的现代性。

事实上，芝加哥学派最为经久不衰的建筑作品是建造于密苏里州（Missouri）圣路易斯（St. Louis）的由丹克玛·阿德勒（Dankmar Adler，1844—1900年）和路易斯·沙利文设计的温莱特大厦（Wainwright Building，1890—1891年）。除去其他的一些结构性的暗喻，建筑内部的钢结构框架直接反映在外观上是一个重复的网格体系，其他所有的建筑元素包括立面中非严谨的古典风格的细部处理都服从于网格的排布。在温莱特大厦的设计中明确坚持建筑的垂直性，这种体现新时代建筑的可能性的表达方式，在现代主义风格的建筑中成为一种反复出现的母题。

钢结构框架

钢结构框架由一系列简单的、均匀排布的垂直柱子与水平横梁所组成，而墙不再是主要的承力构件，这为建筑内部空间的划分带来更多的自由。瑞莱斯大厦（Reliance Building）的钢结构框架促成了早期玻璃幕墙在建筑中的使用，这种风格流派在第二次世界大战以后经密斯发扬光大并对芝加哥SOM事务所的作品产生了深远的影响。

直线式外立面

水平横梁式的钢结构框架造就了直线式的建筑体量与立面，反映在建筑外观上的特点是水平的楼层线与垂直的结构支柱形成了空间网格体系，建筑的外窗被安排在网格之中。沙利文将空间结构网格体系进一步划分，底层用于商业空间，标准用于办公室空间，建筑的中心是配有电梯上下贯通的交通核。

伯纳姆&鲁特事务所（主要设计师为查尔斯·阿特伍德），瑞莱斯大厦，芝加哥，美国
1890—1894年

阿德勒、沙利文，布法罗保险大厦，纽约，美国
1894—1895年

方形建筑

采用了许多标准化构件的钢结构框架使建筑较以往施工速度更为快捷，造价更为低廉。采用由水平梁横和垂直柱子衍生出的结构体系所产生的结果是空间均布、屋面平坦的方形建筑。方形建筑是定义现代主义建筑的重要形态之一。

威廉·勒巴伦·詹尼，第二莱特尔大厦，芝加哥，美国
1889年完工

高度

早期的"摩天大楼"实际上并没有想象中的那样高：它们在巴黎的308米高的埃菲尔铁塔面前显得非常矮小，甚至比一些教堂的尖顶还要低。然而，得益于电梯的发明，使得在一个相对较小地坪中提供大量的功能空间成为现实，在土地价格高昂的地区，例如芝加哥卢普区——许多早期摩天大楼建造的区域，显现出了其在经济上的优势。

威廉·勒巴伦·詹尼，家庭保险大厦，芝加哥，美国
1884年完工

派生于古典的装饰

由于美国几乎没有本土的建筑风格传统（尽管有时拉丁美洲的当地建筑会成为设计的灵感），美国的建筑师们对于建筑装饰的处理不得不从欧洲的先例中寻找源泉，但他们同时也享有不被欧洲的传统所束缚的自由。因此，许多芝加哥学派的建筑会同时展现出现代主义的特色和一种抽象的、不成熟的古典主义风格。

阿德勒、沙利文，会堂大楼，芝加哥，美国
1886—1889年

石材表面

尽管有着钢结构的框架，在芝加哥学派的建筑立面设计中经常采用石材、砖和模制陶板与立面中的玻璃相结合的方式，而玻璃在立面中的使用面积不断增加最终达到前所未有的程度。亨利·霍布森·理查森设计的马歇尔·菲尔德百货大楼的粗犷的石材使人联想起美国西部荒漠与岩石的自然景观，在乡土传统与现代主义之间建立了联系。

亨利·霍布森·理查森，马歇尔·菲尔德百货大楼，芝加哥，美国
1885—1887年

表现主义

地区： 德国和荷兰
时期： 20世纪10—20年代中期
特征： 表意性形式；现代建筑类型；自然主义；动态；功能主义；完全统一的材质

德国在第一次世界大战中的失败所引发的政治、经济和社会的剧变导致了对已有的确定性的颠覆性转变，特别是在旧有的帝国主义秩序下认为是正确的，并被假定为代表技术进步的一些观念的转变。虽然在战争之前已经开始获得一席之地，但德国的战败及之后的余波不可逆转地改变了现代主义在这个国家的发展进程。

战争的余波所带来的经济动荡和资源匮乏使大多数建筑师试图重建新的社会的构想停留于纸面。布鲁诺·陶特（Bruno Taut）提出的"阿尔卑斯山建筑"（Alpine Architektur，1919年）理念描绘了一个大胆的乌托邦式的场景，建筑呈现山峰一样上升的趋势，在由玻璃构成的表面中放射着光芒，象征着对自然秩序感知的回归。在陶特的作品发表的同一年，格罗皮乌斯创立了包豪斯学校，这在很大程度上是对他自己在1913年提出的"新时代需要自己的表达形式"的宣言的呼应。然而早期包豪斯的产品，尤其是在瑞士画家约翰内斯·伊顿（Johannes Itten）指导下的学生的作品，经常带有"原始主义"的倾向，这反映出艺术形式与一些特定的心理状态之间存在着某种关联的理念。另一个包豪斯的教师——俄国画家与理论家瓦西里·康定斯基（Wassily Kandinsky）于1912年出版的著作《论艺术的精神》（*Concerning the Spiritual in Art*）中即体现了这种理念。与当时崇尚反传统艺术的达达主义（Dada）一样，这种理念在很大程度上是现代主义以退守的方式回应机械化战争所带来的恐惧。

表现主义建筑产生于这种时代背景中，并且在20世纪20年代早期众多荷兰建筑师的推动下获得公认——这其中最著名的建筑师是米歇尔·德·克拉克（Michel de Klerk，1884—1923年）和彼得·克莱默（Pieter Kramer）；在德国，著名的建筑师有汉斯·珀尔齐格（Hans Poelzig，1869—1936年）、弗里茨·赫格尔（Fritz Höger，1877—1949年）和彼得·贝伦斯。早期的格罗皮乌斯甚至密斯·凡·德·罗的作品也可以被认为是表现主义的，但是对他们和很多这个时期的建筑师来说，表现主义迅速让位于功能主义（Functionalist）与理性主义（Rationalist）。

与表现主义联系最紧密、最持久的建筑师是埃里克·门德尔松（Erich Mendelsohn，1887—1953年），他设计的在德国波茨坦的爱因斯坦塔（Einstein Tower in Potsdam，1920—1924年）无疑是表现主义运动最伟大的作品。这座建筑包括一个天文台和天体物理学实验室，塔的造型几乎是一座矗立的雕塑，一个单一的、可塑的、流动着的整体。然而，这座塔有机的外表也由其内部功能的需求所决定；建筑的内部有一架天文望远镜，同时圆顶可以将宇宙射线反射到地下的实验室。这种想象力与实用性——本质上是形式主义与功能主义相结合的手法，是定义表现主义建筑的重要标志。尽管门德尔松与其他的建筑师在后来的设计中将这种手法与更普世的现代主义形式进行了调和——如在1935年他与塞吉·希玛耶夫（Serge Chermayeff）一同设计的位于苏塞克斯的贝克斯希尔（Bexhill）的特拉华馆（De La Warr Pavilion）中可以看出，但是他的作品始终保留了独特的、雕塑感的特质。

表意性形式

表现主义建筑的标志性特征是使用自由流动的、有机的形式。在建筑师富于想象力的直觉的引导下，曲线、出人意料的角度、形状不规则的门窗、多层次的立面组合在一起，创造出在情感与理智方面都颇具感染力的建筑。

现代建筑类型

从工业与科学用途的建筑物到百货大楼与住宅开发，表现主义的建筑师们经常被委托专门设计现代化的建筑类型。彼得·贝伦斯设计的工业建筑，例如赫斯特染料厂（Hoechst Dye Works）中具有特色的，同时也是为了宣传电气设备制造商德国通用电力公司AEG而建造的钟楼，正在试图以一种建筑的方式建立起企业的形象标识，这种思想在第二次世界大战以后产生了广泛的影响。

弗里茨·赫格尔，智利大楼，汉堡，德国
1922—1924年

彼得·贝伦斯，赫斯特染料厂，法兰克福，德国
1920—1925年

自然主义

表现主义建筑反复出现的特征是它与自然界形式之间存在的联系，特别是地质学形态。布鲁诺·陶特在1919年提出的"阿尔卑斯山建筑"理念展示出了一种乌托邦式的自然山体景观意境——在山峰之间矗立着像水晶一样的建筑。由奥地利哲学家、社会改革家和建筑师鲁道夫·施泰纳（Rudolf Steiner，1861—1925年）设计的歌德纪念馆（Goetheanum）以及其他的一些建筑部分地实现了陶特的构想。

鲁道夫·施泰纳，歌德纪念馆，多纳哈，瑞士
1924—1928年

动态

词语"动态"明晰了埃里克·门德尔松坚信有机形式可以与现代材料相互融合的思想。虽然表面上似乎与显而易见的更偏向于理性的、直线式的现代主义没有共同之处，但是门德尔松的建筑经常运用现代性的材料与特征，其作品所表现出的戏剧性部分来源于他将钢铁、混凝土的紧张与压缩的特性进行了消减与颠覆。

埃里克·门德尔松，爱因斯坦塔，波茨坦，德国
1920—1924年

功能主义

表现主义自由流动的形式不仅仅是建筑师想象力的产物，在大多数情况下也在一定程度上取决于功能的需求。门德尔松在卢肯瓦尔德（Luckenwalde）的设计为原本沉闷乏味的工业建筑带来了生机，在建筑学上为皮带与滑轮所组成的机器赋予了活力，其建筑设计手法与之后的偏于冷峻的功能主义建筑截然不同。

埃里克·门德尔松，制帽与染色工厂，卢肯瓦尔德，德国
1921—1923年

完全统一的材质

　　表现主义建筑在审美情趣上经常使用一种单一的材质。门德尔松的爱因斯坦塔外表光滑的白色粉刷使建筑统一成为一个单一的整体，明显地表露出雕塑的特质。砖、面砖和陶瓷也被运用在建筑中，特别是使用在荷兰建筑师的作品中，如米歇尔·德·克拉克的代表作品——阿姆斯特丹的艾根·哈德住宅区（Eigen Haard housing development）建筑。

米歇尔·德·克拉克，蒸汽船公寓，艾根·哈德住宅区，阿姆斯特丹，荷兰
1921年完工

新客观主义

地区： 德国
时期： 20世纪20年代中期—30年代中期
特征： 直线式；理性；钢铁、混凝土和玻璃；平面式表面；大规模工业化生产；联排公寓

颇具影响力的现代主义杂志《材料与形式》（*G: Materials for Elemental Form-Creation*）于1923年首次出版。出于对与表现主义有关的形式主义的抵制，该杂志的创始人包括密斯·凡·德·罗在内，认为形式应遵循客观的理性、经济性和现代化的施工技术与方法。这种思想被称为"新客观性"（Neue Sachlichkeit）——通常被翻译为"新客观主义"（New Objectivity）——用于表征这一在视觉、摄影以及建筑风格方面所发生着的文化艺术趋势。

在包豪斯的格罗皮乌斯也开始将学校的教学从先前的表现主义转向解决如何统一工业与艺术进而创造反映时代精神的审美品位的根本问题。约翰内斯·伊顿的职位由匈牙利摄影师与设计师斯洛·莫霍里–纳吉（Laszlo Moholy–Nagy，1895—1946年）接替，后者将创新延伸到媒体领域。在纳吉的影响下，也可能受益于1922年风格主义（De Stijl）主要的艺术家提奥·凡·杜斯伯格（Theo van Doesburg）的来访，包豪斯的形式语言越来越关注对抽象、几何的直线形式的处理。这种举措在某些程度上与之后在苏联的莫斯科高等艺术暨技术学院（VKhUTEMAS）进行的形式学实践有许多相似之处（见170页）。

在设计风格已经明显地转向客观主义之后——在1923年包豪斯的展览会上，格罗皮乌斯宣布：包豪斯认为机器是现代社会的标志，是设计试图与现代性达成共识的载体。而当1925年包豪斯学校从魏玛迁到德绍的时候，格罗皮乌斯迎来了把这些大胆的理念转化为建筑实体的机会。在新校舍建筑的设计中，格罗皮乌斯构思了一系列交叉的立方体体块，外立面是激进的钢材与玻璃，建筑内部的空间则根据功能与采光的需求进行排布——这些举措清晰而强有力地表达出了格罗皮乌斯坚信通过建筑学可以将审美艺术与工业产品的客观性完美地结合在一起的理想。

20世纪20年代中期，德国经济开始复苏，建筑思想开始向大规模、经济性住房发展。其中最具有影响力的实例是斯图加特（Stuttgart）的著名的魏森霍夫住宅展（Weissenhofsiedlung）。1925年，密斯·凡·德·罗被邀请策划了一次由德意志制造联盟（German Work Federation）发起的致力于探索新住宅原型的展览。密斯的规划松散地依据了"花园城市"所提倡的为大量的人口提供优雅的、人性化的生活空间的规划原则（见136页），而对规划更具有影响力的是J. J. P. 奥德（J. J. P. Oud，1890—1963年）在鹿特丹（Rotterdam）和荷兰角（Hook of Holland）设计的具有创新性的房地产开发项目。密斯组织许多杰出的德国建筑师参与到展览中，包括格罗皮乌斯、陶特（已经脱离了之前的表现主义阶段）、汉斯·夏隆（Hans Scharoun，1893—1972年）和汉斯·珀尔齐格，同时还有一些其他欧洲建筑师，包括奥德和勒·柯布西耶。虽然每位建筑师的作品都是单独创作的，但是所有的设计都具有统一的白色表面、底层架空和水平带窗，每座建筑的个性都通过体块与形式清晰、客观地表达出来，揭开了影响了之后几十年的建筑风格的序幕。

直线式

　　与形式经常是弯曲的表现主义相比，直
线式——也就是说运用直线与平面的处理手
法——定义了新客观主义建筑的形式与布局。
直线式被视为有着内在的经济性与合理性，从
形式上受到了荷兰风格主义运动的启发——虽
然这只是一场艺术领域内的运动，但是对建筑
学产生了极其重要的影响。

沃尔特·格罗皮乌斯，包豪斯，德绍，德国
1926年

理性

新客观主义建筑是建立在理性的原则基础之上的，也就是说，通过科学技术的进步，以最经济的手段实现最完美的建筑效果——与之对应的是表现主义对个人感性直觉的坚持。而在建筑师的实践中，这种存在的对立并不是尖锐的，而更多只是表面的，如陶特从模糊的幻想向可以实现的建筑风格的转变。

布鲁诺·陶特、马丁·瓦格纳，布里兹住宅群落，柏林，德国
1928年

钢铁、混凝土和玻璃

20世纪20年代中期，通过格罗皮乌斯和密斯（同时还有勒·柯布西耶）的建筑作品，钢铁、混凝土和玻璃全面巩固了现代主义建筑基本材料的地位。格罗皮乌斯领导下的包豪斯将这些材料新的形式与结构上的可能性展现在世人面前，也许最引人注目的是建筑中悬臂式的阳台。

沃尔特·格罗皮乌斯，包豪斯，德绍，德国
1926年

平面式表面

1918年，荷兰建筑师奥德被任命为荷兰鹿特丹的总建筑师，并迅速开始发展受风格主义启发的一种同时具有表现力和内在的理性的建筑形式。奥德在魏森霍夫住宅展中展出的建筑作品与许多参展的建筑师一样，都注重使用平面的外表面以表达出室内空间的体积，同时在建筑形式上将不连续的私人住宅体块集合成有机的整体。

奥德，5—9号住宅，魏森霍夫住宅展，斯图加特，德国
1927年

大规模工业化生产

新技术工艺和工业化生产在前所未有的程度上使建筑——尤其是住宅建筑的标准化和预制化成为现实。对许多人来说，这种建造方式提供了以技术手段解决特定社会问题的可能性。许多建筑师包括格罗皮乌斯，特别是恩斯特·梅（Ernst May，1886—1970年）——1925年成为法兰克福市的建筑师，都试图发展出适合现代社会的以理性推导出的住宅原型。

沃尔特·格罗皮乌斯，托本公寓，德绍，德国
1926年

联排公寓

相对于"房屋"（houses），将这些建筑称为"住宅"（housing），是因为这其中反映了在许多这样的项目中在内在的理性层面上尽可能地达到最有效的资源配置。除却对魏森霍夫住宅展上的贡献，密斯本人在私人住宅类型建筑的设计方面也取得了巨大的进步。

路德维希·密斯·凡·德·罗，5—9号住宅，魏森霍夫住宅展，斯图加特，德国
1927年

国际风格

地区： 最初在欧洲，之后扩散到世界各地
时期： 20世纪30—50年代
特征： 体块；钢材、混凝土和玻璃；去物质化；自由平面；底层架空；普世性

1932年，亨利-拉塞尔·希区柯克和菲利普·约翰逊在纽约现代艺术博物馆举办的"现代建筑：一个国际展览"使现代主义在国际舞台上的地位得到了巩固。勒·柯布西耶、密斯、格罗佩斯、奥德的作品参加了展出，一同展出的还有其他美国建筑师尤其是弗兰克·劳埃德·赖特和理查德·诺伊特拉（Richard Neutra，1892—1970年）的作品。所有的参展作品被视为统一在现代主义运动的美学思想之下，而各自本身的理论性或社会性议题在很大程度上被前者的光芒所覆盖了。

勒·柯布西耶设计的20世纪20年代纯粹主义式的建筑作品对定义国际风格起到了至关重要的作用。设计建造于法国普瓦西（Poissy）的萨伏伊别墅（Villa Savoye，建于1928—1931年），最完整地示范了勒·柯布西耶在《走向新建筑》中概括出的"新建筑五点"，是其探索理想房屋类型的建筑实践的一次总结。更早期的一些探索包括"雪铁龙住宅"（Maison Citrohan，1922）在内所体现的大批量生产的"生活的机器"的理念引发了社会的思潮以及审美学的变革，这种思想也在魏森霍夫住宅展中以建筑实物的方式向世人展示。勒·柯布西耶将自己的理想扩大到了城市的尺度。"当代城市"与"雪铁龙住宅"一同在1925年的巴黎装饰艺术博览会（Exposition des Arts Décoratifs in Paris）上展出，规划设想了一座容纳300万人口的城市，由一排排垂直正交布置的多功能的十字形摩天大楼所组成。街道被废除，汽车与行人的交通以不同的高度分开。这种设计思想在具有刻意的煽动性的"伏阿辛规划"中达到了极点，规划设想推倒巴黎的一半，代之以"当代城市"垂直正交布置的街区。而在之后的颇具影响力的作品"光辉城市"（Ville Radieuse，1935年）中，可以看到勒·柯布西耶已经回归到更具有可行性的线性规划，同时也将自己早期思想的革命性特征予以保留。

与此同时，密斯的作品也在魏森霍夫住宅展中表达了禁欲式的现代主义风格后发生了演变。他设计的巴塞罗那馆——1929年国际博览会的德国馆——将现代主义建筑提炼到了只剩下必不可少的元素，而异国情调的大理石与玛瑙石则扩展了建筑的质地。整个建筑本身没有一处封闭的展览空间，其内部稀疏布置的陈设，尤其是密斯设计的著名的"巴塞罗那椅"，都旨在唤起人们对魏玛德国（Weimar Germany）的新精神的遐想。

在纳粹主义幽灵的笼罩之下，许多建筑师逃离了欧洲大陆。贝特洛·莱伯金（Berthold Lubetkin，1901—1990年）的目的地是英国，而格罗皮乌斯、门德尔松和马塞尔·布劳埃（Marcel Breuer，1902—1981年）只是在定居于美国之前在英国逗留并对早期的英国现代主义（British Modernism）的形成起到过促进的作用。1933年将包豪斯关闭以后，密斯搬到了芝加哥，成为了伊利诺伊理工大学（Ilinois Institute of Technology）建筑系主任。大量建筑师的移居，对现代主义思想扩展到欧洲以外的地区起到了重要的作用，建筑风格方面，如果说还没有达到前后的连贯性的程度的话，至少也保证了一种国际化的一致性。

纳粹主义和战争的结果只是让战前的欧洲就已经成型的现代主义议程得到了加强，因此现代主义也主导了战后的大部分重建计划。在密斯的影响下，芝加哥的建筑团体开始形成了"美国的现代主义"（Modernism in the United States）——综合并成为最终形式的国际风格，最典型的例子是HOK（Hellmuth, Obata + Kassabaum）和SOM的作品。

体块

　　勒·柯布西耶在早期带有纯粹主义的绘画中试图将每一件日常可见物品简化为干净的体块。这种从本质上发掘表面与体积之间的关系的方式在勒·柯布西耶的建筑中得到一贯的坚持。萨伏伊别墅最完美地表达了这种思想：一个长方体的体块，由带形窗分割，飘浮在底层架空柱廊之上，最上面是屋顶花园。

勒·柯布西耶，萨伏伊别墅，普瓦西，法国
1928—1931年

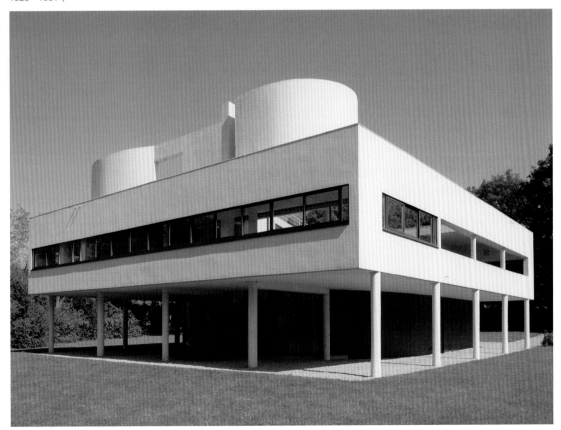

钢材、混凝土和玻璃

20世纪20年代中期，钢材、混凝土和玻璃开始被全面确立为现代主义建筑的基本材料。这些建筑材料使许多定义了国际风格建筑的形式与纲领上的创新得以实现，其中包括"自由平面"和"自由立面"，例如密斯设计的著名的图根哈特别墅（Villa Tugendhat）。

路德维希·密斯·凡·德·罗，图根哈特别墅，布尔诺，捷克
1928—1930年

去物质化

将建筑构思成为一系列体块之间的处理关系，然后通过钢材、混凝土和玻璃予以实现，这从根本上是一种去物质化的思想。简单的结构骨架可以使建筑的表皮建造得非常轻薄，同时宽阔的窗户、光滑平坦的墙面加强了建筑整体的效果。

勒·柯布西耶，萨伏伊别墅，普瓦西，法国
1928—1931年

自由平面

勒·柯布西耶在"新建筑五点"中指出，通过去掉建筑内部承受结构荷载的墙体，可以实现"底层平面的自由设计"，建筑师有完全的自由度在整体的框架结构中插入大小不同的房间。密斯设计的巴塞罗那国际博览会德国馆，通过精巧而简洁的自由平面，创造出开放性的室内空间，将建筑的内部与外部无缝隙地融合在一起。

路德维希·密斯·凡·德·罗，德国馆，1929年
巴塞罗那国际博览会，西班牙
1986年重建

底层架空

底层架空——通过支墩或列柱将建筑抬高到地面层以上是勒·柯布西耶的作品的一个重要的特征。架空的底层经常被用来提供交通或存储的空间。贝特洛·莱伯金设计的Highpoint I公寓是英国第一座清晰的国际风格建筑，整个建筑有8层，地面层为架空柱廊，作为交通、存储和公共空间。

普世性

在勒·柯布西耶的建筑思想中包含着普世性，这一点尤其可以在他具有世界性影响的城市规划理论中得到证明。随着第二次世界大战的结束，国际风格的另一个分支演变成为一种与之前相似的体现企业国际性的现代主义建筑风格，随着这种风格的发展，钢材与玻璃的建筑语言传播到了世界各地的商业区域。

贝特洛·莱伯金，Highpoint I公寓，伦敦，英国
1935年完工

路德维希·密斯·凡·德·罗、菲利普·约翰逊，
西格拉姆大厦，纽约，美国
1958年完工

功能主义

地区： 欧洲，尤其是德国和斯堪的纳维亚半岛
时期： 20世纪30—60年代
特征： 技术膜拜；激进主义；地方材料；不规则平面；原旨主义形式；冷峻质朴

功能决定形式——1896年路易斯·沙利文在文章中提出的"形式追随功能"的理念，是现代主义思想的基本信条。阿道夫·路斯的文章《装饰与罪恶》宣称设计应该向着完全消灭装饰的方向发展［文章最早出版于1908年，但是直到1920年的《新精神》（L'esprit nouveau）出版之后，才得到广泛的关注］，相应地，把时间和资源浪费在很快就会过时的装饰中的行为被认为是一种"罪恶"。

第一次世界大战结束之后，由于现代主义者们试图将旧的世界"一笔勾销"，于是装饰作为对过去的时代的非理性的、怀旧的象征成为了被嘲笑的对象。然而，虽然建筑的功能需求使建筑的形式产生了翻天覆地的变化，但是建筑师们却保留了以往的处理手法：更多的是倾向于表现主义的表达方式，而较少地付诸新客观主义。国际风格的出现，就是对"功能如何生成符合时代精神的形式"的问题的一种回应。

然而，有一些建筑师在功能主义的方向上毫不妥协地坚持到了彻底的程度，或是受政治意识形态的引导，如格罗皮乌斯的继任者——包豪斯的校长汉斯·迈耶（Hannes Meyer，1889—1954年）；又或是出于对技术对社会的变革有着无穷的潜力的信念，如美国建筑师理查德·巴克敏斯特·富勒（Richard Buckminster Fuller，1895—1983年），这些功能主义者反对一切在国际风格所能看到的形式主义。在斯堪的纳维亚半岛，代表了功能主义的两位最杰出的人物是丹麦的阿恩·雅各布森（Arne Jacobsen，1902—1971年）和芬兰的阿尔瓦·阿尔托（Alvar Aalto，1898—1976年），他们缓解了之前的严苛性，赋予功能主义更人性化的倾向。

虽然到达的时间较晚，但是以现代主义为基础的社会议程在民主环境下的瑞典和丹麦受到了广泛的欢迎，同时在刚刚于1917年获得独立的芬兰，现代主义新的美学可能性很快就在塑造国家认同感方面发挥了良好的作用。由古纳尔·阿斯普朗德设计的斯德哥尔摩展览建筑群（Stockholm Exhibition buildings，1930年）将钢铁与玻璃的建筑语言带到了斯堪的纳维亚半岛，并很快适应了这里的传统与背景。雅各布森设计了丹麦卡拉姆堡（Klampenborg）的贝亚维斯塔房地产项目（Bellavista estate，1934年），同期建成的还有贝尔维海水浴场（Bellevue Seabath）和后来的剧院，项目以住宅区为原型，通过交错排列的布局形式表现出了一种独特的戏剧性和运动感，对场地滨海的特点有着直接的呼应。虽然这些作品都是以白色平面的国际风格实现的，但是雅各布森很快扩展了自己对材料的运用。

阿尔托也吸取了国际风格的基本元素。在1929年开始建造的芬兰拜米欧疗养院（Paimio Sanatorium）中，阿尔托奠定了他的设计理念。这座疗养院田园般生活的基调，旨在让肺结核患者多接触阳光和新鲜的空气，更有助于患者痊愈。阿尔托在这座综合性建筑群的布局上考虑了最大可能性的采光与通风。在养护楼的设计中，阿尔托通过将楼层从钢筋混凝土结构中悬挑出来的方式，增加了建筑内部的灵活性，同时将周围的景色尽收眼底。

功能主义在第一次世界大战以后得到了继续发展，但是其教条与严苛的倾向性逐渐被消解。汉斯·夏隆（Hans Scharoun）设计的柏林爱乐乐厅（Berlin Philharmonie，建于1960—1963年）可以说是20世纪建成的最后一座完全遵循了产生并发展于20—30年代的功能主义风格的伟大作品。

技术膜拜

巴克敏斯特·富勒的设计理念的出发点在于他坚信科学技术可以解决所有人类所面对的问题。他未能实现的"节能房屋"（Dymaxion House，1929年）是对现代化住房的重新思考，这是一个大胆的功能与技术的综合体，在建筑中心的基柱上悬挂着带有未来主义色彩的结构体。富勒最有名的作品来自他建造的一些球形穹顶建筑，如最初为1967年加拿大蒙特利尔（Montreal）世界博览会建造的生物圈博物馆（Biosphère）。

激进主义

功能主义理论的核心是将现代主义推向逻辑学上的极限，然而，与所有激进主义的风潮一样，最终必然会向教条主义发展，产生出缺乏生气与创新的建筑。然而，如果谨慎应用在正确的背景环境中，功能主义的处理方法仍然可以产生出震撼人心的充满活力的作品，如斯特林（Stirling）和戈文（Gowan）设计的莱斯特大学工程楼（University of Leicester Engineering Building）。

巴克敏斯特·富勒，蒙特利尔生物圈博物馆，加拿大
1967年

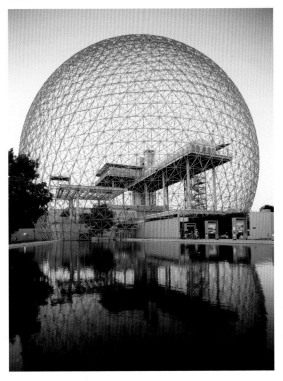

斯特林、戈文，莱斯特大学工程楼，莱斯特，英国
1959—1963年

地方材料

至少在初期阶段，国际风格的特点是白色平面，最常见的材质是表面上有涂料的混凝土墙，偶尔是砖墙。而功能主义在斯堪的纳维亚半岛演变的结果是引入了更广泛的材质，尤其是对当地材料的运用。阿尔托在他的杰作——玛丽亚别墅（Villa Mairea）中大量使用了富有情感色彩的木材，在其他的建筑中他经常引入砖的肌理，甚至包括皮革的质感。

阿尔瓦·阿尔托，玛丽亚别墅，诺尔马库，芬兰
1938—1941年

不规则平面

功能主义的建筑师们认为平面应该由功能和需求决定，对称性是无关紧要的。因而对于他们来说建筑的形式应该与为特定目的而服务的建筑类型相适合。在威廉·劳里岑（Vilhelm Lauritzen）设计的建于1941年的哥本哈根广播大厦（Broadcasting House in Copenhagen）中，建筑的平面布局考虑了每一个空间对声学的特定要求，为不久以后汉斯·夏隆对柏林爱乐乐厅的设计做了铺垫。

汉斯·夏隆，柏林爱乐乐厅，柏林，德国
1960—1963年

原旨主义形式

原旨主义认为形式的生成过程仅仅是由建筑空间的需求而引发的结果。原旨主义生成形式的方法在阿恩·雅各布森和埃里克·幕拿（Erik Möller）设计的奥尔胡斯市政厅（Aarhus City Hall）中得到了体现。也许是受到1936年阿斯普朗德的哥德堡市政厅扩建的影响，这座建筑在形式上很少有对功能需求以外的表达，而钟楼更是被剥离简化到了只剩下必要的结构。

阿恩·雅各布森、埃里克·幕拿，奥尔胡斯市政厅，奥尔胡斯，丹麦
1941年启用

冷峻质朴

功能主义者采用原旨主义的形式处理方法的结果是为建筑奠定了严峻与质朴的基调，有些时候是令人生畏的，甚至几乎是非人性的。然而，在阿尔托和其他的一些建筑师的设计中，正是这种冷峻与质朴，是建筑诗意形成中所不可或缺的一部分。在古纳尔·阿斯普朗德设计的著名的斯德哥尔摩的森林墓园（Woodland Cemetery）中，这种特质得到了戏剧性的体现—— 一种空灵的平静与至美。

古纳尔·阿斯普朗德，森林墓园，斯德哥尔摩，瑞典
1917—1940年

构成主义

地区： 苏联
时期： 20世纪20—30年代初期
特征： 革命性；抽象性；工业建筑；社会性；新建筑类型；传统结构

最能唤起苏联构成主义非凡的雄心，但是最终却以失败告终的建筑是弗拉基米尔·塔特林（Vladimir Tatlin）设计的第三国际纪念塔（Monument to the Third International）。这座纪念塔设计于1919—1920年，塔特林试图将一个高度达到了400米的巨大的螺旋上升的钢结构体跨越圣彼得堡的涅瓦河（River Neva）。第三国际或共产国际担负着将全世界共产主义者联系起来并向世界各地传播共产主义革命的重任，作为这个组织的总部，这座塔既是俄国革命的纪念碑也是"对西方世界的代言者"（塔内包含了共产国际的管理机构，还设有无线电发射装置）。融合了艺术、建筑和工程技术，纪念塔被设计成不但是具有功能性的结构体，而且因其巨大的尺度和激进的形式，同时成为新生的社会主义时代的象征。塔特林的纪念塔没有得到实际建造的事实，不仅暗示了其在技术上的不切实际，也反映了当时基本的建筑材料的短缺，由于此时1917年的俄国革命刚刚结束以及随后而来的内战，建筑师们的作品在很大程度上都停留在了纸面上。

构成主义艺术家们追求艺术、工业与技术的完美融合，创造出一种日常生活中新的视觉语言，这种视觉语言可以反映并进一步体现出革命的理想。构成主义艺术在表现形式上受到雕塑家瑙姆·加博（Naum Gabo）和安东尼·佩夫斯纳（Antoine Pevsner）的理论的启发，并在最初借鉴了俄国革命之前就已经存在的崇高主义艺术的抽象的几何形式，最好的例子就是构成主义运动的领军人物卡济米尔·马列维奇（Kazimir Malevich，1878—1935年）的一些作品。艺术家如柳波夫·波波娃（Liubov Popova）、古斯塔夫·克鲁特西斯（Gustav Klutsis）和埃尔·利西斯基（El Lissitzky）开始吸收崇高主义的灵感并加以创新，创造出具有强烈的三维空间特性的"结构形体"。

1920年，莫斯科高等艺术暨技术学院建立，合并了之前单独建立的一些艺术和工业设计院校。柳波夫·波波娃、克鲁特西斯、利西斯基以及颇具影响力的亚历山大·罗德琴科（Aleksandr Rodchenko）都曾在学院教书，开展了主题广泛的与空间、色彩、形式和结构相关的多学科的训练。学院的教学包含了各种各样的与设计应用相关的课程，从宣传品制作、排版印刷到设计蒙太奇图片集锦，当然还有建筑设计课程。

建筑师亚历山大·维斯宁（Aleksandr Vesnin，1883—1959年）很快加入了莫斯科高等艺术暨技术学院的教师队伍，与他的兄弟列昂尼（Leonid，1880—1933年）及维克多（Victor，1882—1950年）一同成为构成主义风格的主要领导人物之一。1924年，亚历山大和维克多未能实现的为列宁格勒《真理报》（Pravda）大楼所做的设计，可以解读为是按照克鲁特西斯在过去的几年中发展出的宣传亭的原型的等比例扩大。1925年，维斯宁兄弟与莫伊塞·金兹伯格（Moisei Ginzburg，1893—1946年）一同创立了当代建筑家联盟（OSA），以功能主义的旗帜与越来越多的其他新兴构成主义艺术家的作品中所表现出的形式主义倾向形成鲜明对照。OSA将注意力转向家庭住宅和有着明确的多功能的建筑类型上，旨在打破社会的等级秩序。这些作品是对构成主义起着决定性意义的成果，向世人展示着构成主义者们矢志不渝地将建筑视为社会变革的工具的信念。

革命性

构成主义努力的方向不仅仅是反映俄国革命的理想，还要对革命起到积极推动的作用。许多艺术家和建筑师设计海报、传单和发表社论，同时还有构成主义的宣传亭，用以传播革命的声音和图像。维斯宁兄弟设计的列宁格勒《真理报》大楼，将传统的报社房间与探照灯和旋转的广告牌结合在一起形成一座构成主义的建筑。

抽象性

构成主义摒弃传统建筑风格，试图创建出一种真正的革命性的建筑风格。构成主义一方面受到至上主义和欧洲现代主义的影响，而另一方面保持着自身鲜明的思想性内涵。梅尔尼科夫设计的自宅既反映了对新几何形式的主张，同时也体现了新建筑风格的适应性——菱形窗户设计的目的是使立面的重新排布变得更加灵活、容易。

亚历山大·维斯宁、维克多·维斯宁，列宁格勒《真理报》大楼模型，俄罗斯
1924年

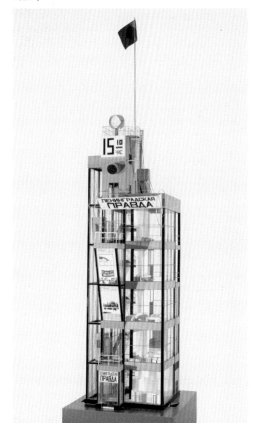

康斯坦丁·梅尔尼科夫，梅尔尼科夫自宅，莫斯科，俄罗斯
1927—1931年

工业建筑

　　政府控制经济造成了前所未有的工业扩张，使苏联从一个落后的农业经济国家转变成为现代的工业化国家。构成主义建筑师们参与设计了大量的工业建筑以及新型的工人集体食堂。后者的出现也被认为实现了共产主义思想的一个重要的目标——使妇女工作者从家务劳动中解放出来。

亚历山大·维斯宁、尼古拉·科利、奥尔洛夫、谢尔盖·安德烈夫斯基，第聂伯河水坝与水力发电站，扎波罗热市第聂伯河，乌克兰
1927—1932年

社会性

　　构成主义者比其他现代主义者更坚信"建筑对社会行为的影响力"。金兹伯格（Ginzburg）设计的纳康芬公寓楼（Narkomfin Communal House）是最著名的众多推广新的公共生活模式的房地产开发项目之一。建筑中划分出公共的板块用于睡觉、吃饭、洗漱和学习，体现出一种明显的打破社会等级制度的策略。

金兹伯格、米尔尼斯，纳康芬公寓楼，莫斯科，俄罗斯
1930年

新建筑类型

　　革命后的社会环境促使人们提出新的建筑类型。工人俱乐部被重新定义为"社会的缩影"，进一步深化了以新的方式把人们聚集在一起的革命性的思想。梅尔尼科夫在莫斯科设计了五个俱乐部，其中卢萨科夫（Rusakov）工人俱乐部以其动态的悬臂形式在视觉上最引人注目。

康斯坦丁·梅尔尼科夫，卢萨科夫工人俱乐部，莫斯科，俄罗斯
1927年

传统结构

　　虽然构成主义者渴望创造出一种完全现代化的建筑美学与结构，但是他们普遍受到缺乏现代化的工程结构技术的限制。尽管有着现代性的形式，红旗纺织厂（Red Banner Textile Factory）的建造使用的仍是传统的建构方法，建筑师埃里克·门德尔松与包括勒·柯布西耶在内的欧洲现代主义者曾于20世纪20年代在俄罗斯工作过。

埃里克·门德尔松，红旗纺织厂，圣彼得堡，俄罗斯
1925—1937年

集权主义

地区： 德国、意大利
时期： 20世纪30年代
特征： 反先锋主义；抽象的古典主义；仪式性

　　欧洲的集权主义政权出现在20世纪20—30年代的德国和意大利，其特征是与现代性之间非常模棱两可的联系。一方面，巨大的技术和工业的进步使政府的影响深入到每个家庭的日常生活。另一方面，很多人认为由这些变革而引发的社会与经济的震荡，压抑了民族的传统价值观与手工艺品行业。视觉上，在建筑以不同方式被各个政权利用并作为国家权力和控制的工具的过程中，这种内在的矛盾性表现得最为明显。

　　德国纳粹于1933年获得政府的控制权后便镇压了德国的充满活力的先锋主义文化。1934年，刚刚接替了保罗·路德维希·特洛斯特（Paul Ludwig Troost, 1878—1934年）的位置成为阿道夫·希特勒（Adolf Hitler）的私人建筑顾问——阿尔伯特·斯佩尔（Albert Speer, 1905—1981年）便立即着手创建一种既能反映德国人民的团结性，又能表达纳粹的权力作为基础的建筑风格。臭名昭著的纽伦堡的齐柏林田径场（Zeppelinfeld in Nuremberg）可以说是斯佩尔最闻名的建筑作品，这处众多纳粹狂热信徒的集会地点，融合了折中的古典主义风格与明显具有现代性的灯光效果。纳粹建筑在处理手法上是充满矛盾与漏洞百出的，而希特勒和斯佩尔却寄希望于通过对新柏林的重新规划实现古罗马帝国荣耀的再现。在本土

化方面，纳粹建筑的灵感主要来自引用一些具有地方特色的建筑元素，试图打造出一种"真实的"德国精神。

　　在法西斯统治下的意大利，形势变得更加复杂，先锋主义促进了国家建筑风格的发展。为了呼应贝尼托·墨索里尼（Benito Mussolini）不加掩饰地将他的政权与古罗马帝国相比的野心，许多公认的意大利现代主义建筑师同时也醉心于对古典主义建筑形式的引用。马尔切罗·皮亚森蒂尼（Marcello Piacentini）在20世纪30年代设计的罗马大学建筑（Sapienza University of Rome），将现代主义与古典主义形式相融合，这种方法在意大利文化宫（Palazzo della Civiltà Italiana）的设计中达到了顶峰——建筑位于罗马的EUR区（罗马的一个住宅和商业区）。而在建筑师朱塞佩·特拉尼（Giuseppe Terragni, 1904—1943年）的思想中，现代主义和古典主义之间的关系远比表面的形式更深刻。他受到了勒·柯布西耶建筑理念的启发。虽然特拉尼的杰作——科莫的法西斯大楼（Casa del Fascio, Como）在表现客观性方面是属于现代主义的，但是严谨的外立面反映了与古典主义风格之间存在的密切关系，这种关系通过将建筑内部的中庭与外部的露天广场相连通得以进一步加强。

反先锋主义

　　集权政体通常不直接反对现代主义，但是，在大多数情况下，它们是反对先锋主义的。斯佩尔设计的新总理府（New Chancellery）被建成暧昧的古典主义建筑形式，尽管这些建筑形式已经被抽象到了几乎不可能出现在现代主义来临之前的时代的程度。在建筑领域以外，这种保守主义并不总是必须遵循的法则；莱妮·里芬斯塔尔（Leni Riefenstahl）的宣传电影，特别是《意志的胜利》（*Triumph of the Will*，1934年），打破了电影制片原有的界限。

阿尔伯特·斯佩尔，新总理府，柏林，德国
1938—1939年

抽象的古典主义

　　集权主义借鉴古典主义的形式是多种多样的。特洛斯特尤其受到了申克尔的剥离的新古典主义的影响，这种影响主要体现在慕尼黑的德国艺术之家（House of German Art，建于1937年）的设计中。在古典建筑遗产最密集的意大利，许多建筑师试图将现代社会的感性、新的建筑类型及抽象的古典形式相融合。这一点最明显地表现在罗马EUR区意大利文化宫多层堆叠的拱门中。

乔瓦尼·盖里尼、欧内斯托·帕杜拉、马里奥·罗马诺，意大利文化宫，EUR区，罗马，意大利
1937—1942年

仪式性

在纽伦堡的齐柏林田径场中，斯佩尔设计的希特勒的演讲台参考了佩加蒙神坛（Pergamon Altar）的原型——这座神坛自1879年被挖掘出来之后一直被放置在柏林。他通过将演讲台的神坛气质与周围巨大的探照灯垂直向天空照射相结合，创造出了所谓的"光之教堂"的视觉奇观。

阿尔伯特·斯佩尔，"光之教堂"，齐柏林田径场，
纽伦堡，德国
1938年

夸张的古典主义

地区： 苏联
时期： 20世纪50年代
特征： 具象性；不朽性；夸张性

在苏联的早期，实际上已经孕育出了众多的相互竞争的先锋主义运动，尤其是构成主义。然而，在20世纪20年代末期，先锋主义艺术与建筑受到了压制，随着官方风格的确立，最终被宣布为不合法。在伯里斯·约樊（Boris Iofan）以古典主义的台阶式的顶部矗立着巨大的列宁塑像塔的设计赢得了苏维埃宫（Palace of the Soviets）的方案竞赛之后，苏联的艺术和建筑风格迅速回归到了革命前的状态，清除了所有在构成主义风格中所能感知到的来自西方世界的影响。

具象性

构成主义的批评者认为构成主义对具象性的否定使其不能很好地传达政治宣传的信息——以一种大多数未受过教育的民众能够理解的方式。因此，建筑形式回归到了更为传统的具象性。在1937年的巴黎世界博览会上，斯佩尔和约樊设计的代表各自政权的展馆建筑都不约而同地使用了雕塑——此时已经与密斯设计的内敛的巴塞罗那世界博览会德国馆（见164页）相去甚远。

伯里斯·约樊, 俄罗斯馆, 巴黎世界博览会, 法国
1937年

不朽性

建筑形式对于表现政体的永恒性非常重要（尽管它们本身明显是新兴的事物）。苏联建筑的主要特征表现为巨大的尺度、高度处理的形式，同时经常受到古代伟大纪念性建筑的启发。然而，最持久的纪念性建筑是阿列克谢·休谢夫（Alexei Schushev）设计的规模相对较小的结合了抽象的构成主义与古典主义元素的列宁墓（Lenin Mausoleum）。

阿列克谢·休谢夫，列宁墓，莫斯科，俄罗斯
1924—1930年

夸张性

以一种夸张的古典主义风格回归"具象主义的建筑"是苏联最常见的形态。这些建筑被加入古典主义装饰与具象化的雕塑，依靠已经确立的、历史上著名的风格模式构成其建筑体系与易辨别性。

列夫·拉德内夫，罗蒙诺索夫大学，莫斯科，俄罗斯
1947—1952年

本质主义

地区： 美国
时期： 20世纪10—70年代
特征： 内在精神；有机建筑；历史性；集体性；抽象提炼；永恒性

当大多数主流的建筑师认为现代风格是"一张白纸"的时候，现代主义的另一个分支——可以宽松地称之为"本质主义"的建筑师们——则将视线集中在了不受时间影响的、具有普遍意义的建筑本质上，在这方面最著名的人物是美国建筑师弗兰克·劳埃德·赖特和路易斯·康（Louis Kahn，1901—1974年）。

1888年，赖特于20多岁时开始在路易斯·沙利文的事务所工作，并深受后者试图建立一种体现美国的开拓精神的建筑风格的影响。赖特在离开了沙利文事务所后开始了自己的事业，他接到了大量的芝加哥附近的住宅委托项目，在这些建筑实践中赖特发展并提炼出了属于自己的建筑哲学，最终在20世纪的头几年建立了著名的"草原住宅"（Prairie Houses）风格。

由于赖特对日常的生活方式有着准仪式性的观念，典型的草原住宅的平面呈现出从中央的壁炉向外辐射的形状，其他的房间灵活地安排在这个精神中心的周围，墙体与窗户一般会被弱化，室内通过相互交叉和重叠的空间融合成为一个流动的整体。在建筑的外观上，如威利茨住宅（Ward Willits House，建于1902年），具有标志性的特点是分层次布置的宽阔的、水平方向的楼板体系，这种水平感通过厚重的悬挑屋檐加以强调。室内每一个房间的材质、家具和装饰都精心选取，从每一个建筑构件都可以推导出建筑整体的气质，这种提喻的建筑手法使空间的节奏进一步得到完善。

在草原住宅中，赖特希望将工艺美术品的价值（同时受日本传统建筑的影响）与机器时代的创新潜力相融合，创造出具有时代感的建筑空间，来迎合已经明显地步入了现代化社会的人群。这种理念的典范是"美国风住宅"（Usonian House），一种造价低廉的，大部分是预制加工的单层住宅，房间的设计考虑了现代生活方式的变化，如取消了专门的餐厅，取而代之的是结合了厨房与起居室的流动空间。"美国风住宅"在赖特的乌托邦式的"广亩城市"（Broadacre City，1931年）的规划中发挥了重要的作用，规划提供了一个在很大程度上是城郊区社会的模型，同时强调自然界应该被加强而不是被现代性所毁坏——这种理念在当时罗斯福新政（New Deal）营造的政治和经济氛围中引起了共鸣。

与赖特相似，路易斯·康在职业生涯的大部分时间内都游离于建筑学发展的主流之外，直到20世纪50年代初期，在以建筑师的身份待在罗马的美国学院（American Academy in Rome）的一段经历中，路易斯·康找到了属于他个人的成熟的建筑风格。对于康来说，建筑形式的纯净，源于隐藏在建筑学表面问题背后的本质。在康涅狄格州（Connecticut）纽黑文市（New Haven）的耶鲁大学艺术馆（Yale University Art Gallery）、宾夕法尼亚大学（University of Pennsylvania）的理查兹医学研究实验室（Richards Medical Research Laboratory）等作品中，康所使用的建筑语言以一种简单的几何形式为基础传达出建筑的社会含义。孟加拉国达卡国民议会大厦（National Assembly Building, Dhaka, Bangladesh）是康最伟大的作品，康将不同的政府职能划分在不同的分区，结合了传统与现代、东方与西方的建筑形式，赋予其不朽的气质。

内在精神

赖特的"草原住宅"融合了其早期建筑中的许多传统元素与现代性的创新,如开放的平面和悬挑的屋顶,这一点尤其体现在罗比住宅(Robie House)的设计中。这种二元性也体现了这些建筑位于芝加哥郊区——城市和边远地区中间地带的地域性特征。既包含现代性又体现美国的本土特性——赖特在之后的颇具影响力的"美国风住宅"(Usonian house)中进一步延伸了这种思想。

弗兰克·劳埃德·赖特,罗比住宅,南部伍德劳恩,芝加哥,伊利诺伊州,美国
1908—1910年

有机建筑

赖特将建筑视为周围环境的延伸,正如他的郊区"草原住宅"建筑所呈现出的生长于地面一样的特征。而在他最著名的作品——流水别墅(Fallingwater)的设计中,赖特将这种思想发挥到了极致。建筑坐落于山涧之上,混凝土悬挑结构仿佛是从房子中心处的石材中生长出来一样,内部与外部空间的融合,使建筑与自然成为了一个整体。

弗兰克·劳埃德·赖特,流水别墅,熊跑溪,宾夕法尼亚州,美国
1934—1937年

历史性

　　赖特和康的建筑都与历史之间存在着深刻而微妙的联系。康的金贝尔美术馆（Kimbell Art Museum）隐约地参考了帕拉第奥式的平面，而混凝土的筒形穹顶则暗示了与古罗马建筑之间的联系。同时，康也创造出了具有现代感的空间张力，在穹顶的内部使用了圆摆线而不是几何半圆形，在顶点处制造了出人意料的缝隙，微妙的光线透过缝隙照亮了下面开放性的空间。

路易斯·康，金贝尔美术馆，沃斯堡，得克萨斯州，美国
1966—1972年

集体性

　　有机建筑的概念并不局限于建筑与其环境的关系，同时也对建筑的组织性起着重要的作用。赖特设计的在威斯康星州（Wisconsin）的约翰逊制蜡公司（Johnson Wax building）把企业将所有员工视为一个大家庭的理念延伸到了建筑的布局中。无论是在精神层面上还是在实际操作中，建筑内部丰富的空间承载了各种交流与合作，同时赖特在建筑布局中也保留并清晰地体现出了公司原有的层级结构。

弗兰克·劳埃德·赖特，约翰逊制蜡公司管理中心，拉辛，威斯康星州，美国
1936—1939年（塔楼，1944—1950年）

抽象提炼

　　虽然在赖特和康的作品中极少体现出功能主义，但是他们也没有将自身引入到纯粹的形式主义的歧途。他们的建筑形式（尤其是康的作品）源于对建筑学基本问题的思考，以及对隐藏在背后的事物本质的抽象与提炼。如康设计的耶鲁大学艺术馆，以其内部平静的几何秩序，消解了周边众多的建筑风格所引发的困扰。

路易斯·康，耶鲁大学艺术馆内部，纽黑文，康涅狄格州，美国
1951—1954年

永恒性

　　康的许多作品体现出了一种永恒性，这种特质的产生并不仅仅因为其建筑规模，更是一种精神的感知——这种感知有着穿越时空的能力，甚至比建筑本身能够存在的时间更为持久。在达卡，康参考了学院派的平面法则，创造出一幅充满了建筑功能与象征符号相融合的含义的图景，即使这些建筑最终将不复存在，然而在未来的考古学记录中，这些含义仍将通过空间的关系显示出清晰的可读性。

路易斯·康，国民议会大厦，达卡，孟加拉国
1962—1975年

粗野主义

地区： 英国
时期： 20世纪50—60年代
特征： 雕塑感；素混凝土；空中街区；城市性；反平面化；破坏

尽管这个词语现在经常用来描述战后的在形式或材料上给人以"粗野"的感受的建筑，但是"粗野主义（野兽派）"作为一种独特的建筑运动，有其自身更为特殊的含义。粗野主义围绕着夫妻建筑师二人组艾莉森·史密森（Alison Smithson，1928—1994年）和彼得·史密森（Peter Smithson，1923—2003年）的作品而展开，为勒·柯布西耶在第二次世界大战后的建筑作品提供了灵感，后者著名的作品是法国的马赛公寓（Unité d'Habitation in Marseille）和印度的昌迪加尔的建筑群组。在这些建筑中，20世纪20—30年代流行的白色光滑表面被大面积的粗糙的混凝土——或生混凝土取代。诺福克的亨斯特顿学院（Hunstanton School in Norfolk）的设计灵感来源于密斯的伊利诺伊理工大学建筑（Illinois Institute of Technology buildings）的结构与布局，但是将结构构件与建筑材料有意裸露，其显著的特征是粗野的气质及表面上似乎尚未完成的状态。具有影响力的评论家雷诺·班海姆（Reyner Banham）将这种风格称为"新粗野主义"，并认为诸如史密森一样使建筑材料处于未完成状态的手法建立了一种新的伦理与美学的命题。

粗野派艺术出现与形成的决定性时刻是1956年在伦敦的白教堂艺术画廊（Whitechapel Art Gallery）举办的具有开创意义的展览"这就是明天"（This is Tomorrow）。在评论家西奥·克罗斯比（Theo Crosby）的构想下，展览由12组汇集了艺术家、平面设计师、建筑师甚至是音乐家的"团队"进行展品的创作。与史密森夫妇同组的有艺术家爱德华多·包洛奇（Eduardo Paolozzi）和摄影师奈杰尔·亨德森（Nigel Henderson）。在很大程度上，

从"接受现实"（as found）的原点出发去感知与表达现有的城市，是各种风格迥异的展品能够联结成为一个整体的精神内核，而诸如广告、杂志和日常家居用品设计等大众文化也在展出中焕发出新的生机。理查德·汉密尔顿（Richard Hamilton）则将这些关注点浓缩成了一张海报设计：《究竟是什么使今日家庭如此不同，如此吸引人？》（Just what is it that makes today's homes so different, so appealing）——这是一幅包含各种生活杂志的文字与图片的拼贴作品。

而20世纪50年代的伦敦，的确也面对着大片的在第二次世界大战期间被大轰炸所摧毁的城市景观的"现实"——粗野主义对天然的、非加工的质感的坚持在某种程度上可以被看作对这段审美与情感体验的回应。作为福利社会国家体现在建筑方面的实体，第二次世界大战后的住宅、医院及学校的重建计划为建筑师们提供了施展才华的机会。对新住宅需求的紧迫性，使得最初的大部分项目被建成放置在空旷的场地中的廉价的、快速建造的"方盒子"建筑。与之相对的，史密森夫妇则试图重建这种理性的现代主义所破坏的"街区文化"。在伦敦波普拉区（Poplar）的罗宾汉花园公寓（Robin Hood Gardens，建于1966—1972年）的设计中，他们终于有机会把理论付诸实践。有着与同时代的其他建筑相对较少的楼层，公寓的两栋建筑成角度地围绕着中间的一个大型公共花园，花园中精心设计了凸起的小山丘，使得位于较高层的房间也可以近距离欣赏到花园的美景。建筑组成中既有复式住宅也有单层公寓，同时内部布局的差异也体现在了外立面上，这种设计方法在整齐划一的现代主义中重新引入了易读性与个体性。

雕塑感

以回顾性的眼光审视，其他的一些可以加上"粗野主义"建筑风格标签（尽管与新粗野主义的分支有明显区别）的作品充分开发了混凝土在体现雕塑感方面的潜力。丹尼斯·拉斯顿（Denys Lasdun，1914—2001年）的作品受到了勒·柯布西耶的启发，同时也深受英国巴洛克风格的影响。位于伦敦的英国皇家医师学院（Royal College of Physicians）与南岸的国家大剧院（National Theatre on the South Bank），展示了他将建筑的雕塑感与周围环境相结合的高超能力。

丹尼斯·拉斯顿，国家大剧院，伦敦，英国
1967—1976年

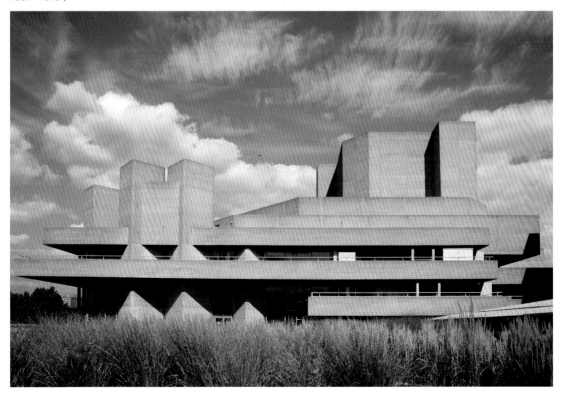

素混凝土

粗野主义具有定义性的特征——同时也是其得名的原因——是受到勒·柯布西耶在第二次世界大战后的一些作品的启发：在建筑中使用未加工的混凝土或粗糙混凝土。这种材料赋予了粗野主义建筑一种内在的、原始的、粗野的本质；在英国以外的粗野主义作品中，这种材质的感觉也得到了体现，特别是保罗·鲁道夫（Paul Rudolph，1918—1997年）在美国以及西格德·劳伦兹（Sigurd Lewerentz，1885—1975年）在瑞典的建筑作品。

勒·柯布西耶，拉图雷特修道院，艾布舒尔阿布雷伦地区，里昂，法国
1957—1960年

空中街区

虽然以失败告终，但是在伦敦黄金巷地产（Golden Lane estate）入口设计竞赛中，史密森夫妇推广了"空中街道"的理念。所有的住宅将可以通过至少是半开放性的空中连廊连接在一起，设计力图促进现代主义所忽略了的"街区文化"的形成；而在实用性的角度上，宽阔的路面足以通行车辆，方便为每一所住宅运送家用物品。

杰克·林恩、艾弗·史密斯，公园山，谢菲尔德，南约克郡，英国
1957—1961年

城市性

粗野主义旨在恢复正在消失的城市文化——正在被现代主义所征服的街区，反对将建筑孤立布置的建筑规划策略。罗宾汉花园公寓的两栋建筑迂回曲折，精巧地联系在一起，沉浸于城市性的思想内核之中。然而，没有充分地考虑到将建筑内部的居民和城市的噪声与污染相隔离，也揭示了粗野主义的城市理念的缺陷。

艾莉森·史密森、彼得·史密森，罗宾汉花园公寓，波普拉区，伦敦，英国
1966—1972年

反平面化

史密森夫妇设计的《经济学人》总部大楼（Economist Building）对整体性、平面化的建筑外观和勒·柯布西耶 "光辉城市"的线性城市规划思想提出了反对的意见。他们在一个形状不规则、历史复杂的地块上进行构思，推敲出了以三个不同高度的体块围绕着中间的广场的设计方案，试图增强而不是抹去现有的城市肌理；建筑建成后的效果是强有力的但不是压迫性的，具有争议的但同时也能与环境背景引起共鸣的。

破坏

虽然粗野主义的力量来源于其激进性，但是不休的争论使其逐渐地陷入了教条主义的思想意识的危机之中，以至于为减轻风化的影响而进行的混凝土细部改进设计都被视为 "不道德的"。因此，在实际中只有极少数粗野主义建筑保存完好，并且还要得益于良好的政治氛围与大众的审美接受度。而绝大多数的粗野主义建筑目前的状况非常糟糕或者已经被拆除。

艾莉森·史密森、彼得·史密森，《经济学人》总部大楼，圣詹姆斯，伦敦，英国
1959—1965年

欧文·路德伙伴事务所（主要设计师：罗德尼·戈登），三一广场停车场，盖茨黑德，泰恩-威尔郡，英国
1962—1967年，2010年拆除

新陈代谢主义

地区： 日本
时期： 20世纪50—70年代
特征： 柯布西耶式的影响；模块化；永恒性；日本传统；未完成；影响范围

现代主义在两次世界大战期间抵达日本。然而直到1945年的战后重建，才开始发起针对如何将现代化的需求嫁接在日本根深蒂固的传统价值观上的问题的讨论。

丹下健三（Kenzo Tange，1913—2005年）是这场讨论的领导者，他受到柯布西耶的深刻影响，同时是日本现代主义先驱前川国男（Kunio Maekawa，1905—1986年）的学生——前川国男曾于20世纪20年代末与柯布西耶在巴黎一同工作过。丹下的第一个重大的项目——广岛和平纪念馆（Peace and Memorial Museum，Hiroshima）由位于底层架空柱之上的长且薄的矩形建筑组成，重复的垂直翼板宁静而清晰地展现着建筑的立面，所有的建筑构件均由粗糙的、未加工的混凝土浇筑而成。一座形式是双曲线抛物面拱形的纪念碑[暗示着丹下之后设计的国立代代木体育馆（Yoyogi National Gymnasium）的出现]建立了一条连接了丹下健三的博物馆与河对岸幸存的原子弹爆炸圆顶屋（A-Bomb Dome）的场地轴线。

博物馆建筑的灵感明显来自勒·柯布西耶的"新建筑五点"，同时质朴原始的感觉与纪念性的规划布局也参照了柯布西耶20世纪50年代位于昌迪加尔的作品。然而，博物馆在整体上仍然与日本传统的建筑与空间法则有着深刻的联系。柯布西耶式的混凝土框架，排除了内承重墙的必要性，似乎与日本传统的以屏风（通常是可移动的）进行分隔，室内空间灵活分布的木结构建筑有着异曲同工之妙。通过可以滑动的门与窗扇促进建筑内部与外部之间的流通性，都是现代主义与日本传统建筑的思想基础，即便是标准化的形式与材料——现代主义的主要创新之一——也似乎可以在日本建筑中找到对应的

契合点。因此，在很大程度上，丹下健三在广岛的作品将现代主义与日本的地域传统、文化背景完美地结合在一起，渲染出焕然一新的纪念性。

1960年世界设计大会（World Design Conference）在东京的举行，使日本的现代主义建筑师开始获得国际性的关注。在丹下健三的带领下，同时受到思想激进的Team X的影响，日本出现了一批勇于挑战主流现代主义思想的年轻建筑师。包括黑川纪章（Kisho Kurokawa，1934—2007年）、菊竹清训（Kiyonori Kikutake，1928—2011年）和槇文彦在内的一些建筑师联合出版了一本名为《新陈代谢1960：新城市主义宣言》的手册，主张将现代主义的技术革新与诸行无常的佛学思想相互融合。新陈代谢主义建筑师们将自己的理念从单体建筑扩展到了城市的尺度，主张建筑应该是可变的、动态的，具有类似于细胞新陈代谢的机能。新陈代谢主义反映出当时的日本正在经历着一场巨大的经济与社会的变革，建筑师们坚信科学技术对城市的发展起着决定性的作用。与新陈代谢主义相似的，英国的"建筑电讯派"（Archigram group）的建筑师们构思了众多的模块化城市方案，可以随技术的发展而变化的抽插式舱体建筑体现出了生长性、有机性的设计思想。

在某种意义上，新陈代谢主义既反对形式主义，但又不完全拒绝形式感的生成。与矶崎新（Arata Isozaki）的一些城市建筑的设计手法相似，丹下健三设计的山梨县文化会馆（Yamanashi Press and Broadcasting Centre）使用巨大的混凝土圆筒托起了中间的办公空间，建筑被同时赋予了功能的可变性与形式的不朽性。

柯布西耶式的影响

在印度哈里亚纳邦和旁遮普邦的首府——昌迪加尔的城市总体规划与行政建筑的单体设计中，柯布西耶向世人展示了如何将现代主义与地方传统相结合，为如何在国际性的现代主义与地域性的传统背景之间寻求共鸣提供了一种重要的模式。

丹下健三，广岛和平纪念馆，日本
1949—1955年

模块化

　　新陈代谢主义建筑师将建筑视为生物与机器的综合体。建筑可以像细胞一样，由相对独立的组件集合在一起，这些组件如同机器的零件一样可以根据实际需要的变化进行更换。这种理念最显著地体现在黑川纪章设计的中银舱体大楼（Nakagin Capsule Tower）中，这座建筑由100多个独立的、可替换的舱体所组成。

永恒性

　　尽管新陈代谢主义建筑师们推崇的是诸行无常的佛学思想，然而在他们的许多作品形式中却表现出对永恒的渴求。出现这种结果一方面是由于素混凝土材料的广泛使用，取代了日本传统的木质结构建筑，另一方面则是由于建筑师们大胆的设计风格，如丹下健三为1964年东京奥运会修建的国立代代木体育馆，其屋顶的设计极为激进。

黑川纪章，中银舱体大楼，东京，日本
1972年

丹下健三，国立代代木体育馆，东京，日本
1961—1964年

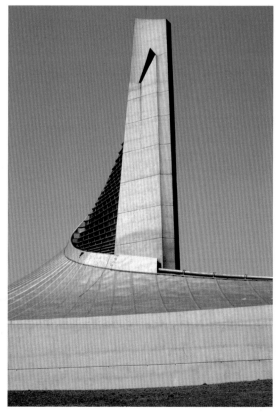

日本传统

日本传统建筑与佛教思想有着千丝万缕的联系，建筑材料几乎都是木材，内部空间通过可移动式的屏风进行分隔，内部空间与外部空间相互融合。诸行无常与流动变化的思想是隐藏在新陈代谢主义建筑的技术主义表象下的重要内核。

菊竹清训，空中住宅，东京，日本
1959年

未完成

"未完成"是新陈代谢主义建筑固有的特性，理论上而言新陈代谢主义建筑永远不会完工，其被设定为始终保持着修改与添加的开放性。丹下健三将"未完成"的思想扩展到城市规模，其"东京规划1960"（A Plan for Tokyo 1960）是新陈代谢主义最著名的城市规划方案之一，几乎完全是模块式的，打破了现有的从中心到周边的城市布局思想。

丹下健三，山梨县文化会馆，甲府，日本
1961—1967年

影响范围

虽然新陈代谢主义反映了日本的一段特定的文化与经济发展的时期，但是其建筑作品的影响却远远超出了本土的范围。新陈代谢主义的思想为公共领域与私人空间的界限已经全面崩塌的西方世界找到一条新的理论依据，同时也预示了诸如索尼随身听（一种便携式音频磁带播放器）等一系列新技术产品的产生。包括矶崎新在内的年青一代建筑师们开始从之前的技术主义转向更多地去解决建筑学的基本问题的过程中，日本建筑也逐渐赢得了国际性的声誉。

矶崎新，凯莎论坛美术馆新入口，巴塞罗那，西班牙
1999—2002年

高技派

地区： 国际范围
时期： 20世纪70—80年代
特征： 技术崇拜；工业美学；设备外露；流线创新；大跨度室内空间；结构外露

高技派建筑走向兴盛的标志是1977年风格前卫的巴黎乔治·蓬皮杜中心（Centre Georges Pompidou）的落成，担任设计的是年轻的建筑师组合理查德·罗杰斯（Richard Rogers）与伦佐·皮亚诺（Renzo Piano）。乔治·蓬皮杜中心同时作为博物馆与艺术中心，旨在向全体市民展示最前沿的艺术。建筑最突出的创新是将原本属于建筑内部的各种设备构件直接裸露在建筑的外部，以至于早期在术语"高技派"（High-Tech）产生之前的一段时间里，知名的建筑评论家雷纳·班汉姆曾引用"翻肠倒肚式"（Bowelism）这个词语来描述此类风格的建筑。设备管线（以不同颜色标明）、交通设施（包括电梯和自动扶梯）外露；最重要的是结构系统也一并转移到了建筑的外部，建筑的室内最大限度地减少了柱子的存在，使得空间的划分具有无穷的可能性。

一方面，高技派可以看作在逻辑上以"形式追随功能"的现代主义的法则所推导出的必然结果，建筑的形式完美地遵循了室内空间的需求，同时也创造出极其震撼的视觉冲击力；而在另一方面，高技派的思想内核明显地表现出了反形式主义的倾向，并认为其本身的存在仅仅是出于建筑学的一个普遍的观点：建筑外在的物质表象只是其内部的逻辑秩序的附属品。20世纪60年代中期，"建筑电讯派"在伦敦AA建筑学院（Architectural Association School of Architecture）设计的一些作品是最著名的高技派风格早期尝试的例子。"建筑电讯派"

所描绘的激动人心的、迷人的草图强调了系统的扩展性、适应性；随着技术的发展，各组件之间的可交换性——如彼得·库克（Peter Cook）设计的"插接城市"（Plug-in City），将城市视为一种可以灵活添加细胞式组件的完整的生命体，而完全独立于系统之外的建筑是不存在的。另一些"建筑电讯派"之外的建筑思想家，如特立独行的塞卓克·普莱斯（Cedric Price），则更关注于技术发展在推动社会与政治变革方面的潜力。1961年，普莱斯与戏剧导演琼·利特尔伍德（Joan Littlewood）一同构想了未能实现的"乐之宫"（Fun Palace），建筑提供了一种社会性的空间，尝试去模糊传统的表演观念与群众参与之间的界限。

具有讽刺意味的是，尽管有着源于打破旧习的狂热及出于社会改革的意图，真正使高技派闻名于世的却是其在商业、企业建筑上的成功。许多早期的高技派作品，特别是尼古拉斯·格雷姆肖（Nicholas Grimshaw）和迈克尔·霍普金斯（Michael Hopkins）的作品，大都是工业建筑或科学建筑，这些建筑类型与高技派风格有着与生俱来的亲和力。而继乔治·蓬皮杜中心之后的两个最著名的高技派建筑则转到了商业办公建筑：罗杰斯设计的伦敦的劳埃德大厦（Lloyd's Building）和诺曼·福斯特设计的香港汇丰银行总部（HSBC Main Building in Hong Kong）。乔治·蓬皮杜中心标志性的建筑内部大跨度空间，被证明也同时适用于商业性的交易大厅。

技术崇拜

相对于后现代主义，将高技派归入现代主义是因为高技派思想的核心依然是坚信科学技术的发展具有推动社会变革的潜力。受到建筑评论家雷纳·班汉姆的影响，高技派的技术崇拜试图将建筑及其使用者从形式与传统中解放出来。例如罗杰斯设计的劳埃德大厦，经常被人们形容为一个钻油平台，建筑以这种直率的方式展示着技术的魅力。

工业美学

出于对技术的狂热，高技派建筑大都具有强烈的工业美学特征，加上其内在的灵活性，使得高技派的风格天然地可以应用在工业建筑中：如早期的位于威尔特郡（Wiltshire）的斯文顿（Swindon）的依赖控制工厂（Reliance Controls factory，1967年），建筑由"小组4"（罗杰斯与福斯特短暂的组合）负责设计；以及格雷姆肖设计的位于伦敦的财政时报印刷工厂（Financial Times Printworks）。

理查德·罗杰斯建筑事务所，劳埃德大厦，伦敦，英国
1978—1984年

格雷姆肖建筑事务所，财政时报印刷工厂，伦敦码头区，英国
1988年

设备外露

　　为了提高建筑内部空间的灵活性，高技派建筑师将结构节点与建筑设备都转移到建筑的外部。于是，裸露的水管、风道、通风孔与轻盈的钢结构骨架融合在一起，共同诠释着高技派特有的美学思想：一种逻辑缜密而又简洁至上的视觉表达的盛宴。

理查德·罗杰斯、伦佐·皮亚诺，乔治·蓬皮杜中心外部，巴黎，法国
1977年

流线创新

乔治·蓬皮杜中心创造性地将电梯与扶梯置于建筑的外部，使室内空间得以释放，也使得建筑流线更为简明、有效。福斯特在香港汇丰银行总部的设计中也考虑了类似的问题，创新地设计了室外升降电梯，建筑室内则提供了一个巨大的中庭来促进公司员工之间的交流。

福斯特建筑事务所，香港汇丰银行总部，香港，中国
1985年完工

大跨度室内空间

精湛的结构工程设计使得早期的高技派建筑师能够创造出大跨度、不间断的室内空间，实现了完全自由的平面布局。这一优点吸引了大量的寻求制造巨大的、连续的交易空间的商业客户。

理查德·罗杰斯、伦佐·皮亚诺，乔治·蓬皮杜中心内部，巴黎，法国
1977年完工

结构外露

诺曼·福斯特在东英吉利大学（East Anglia）塞恩斯伯里视觉艺术中心（Sainsbury Centre）的设计中，运用钢结构空间网架活跃了平面式的、立方体的建筑形式，同时在室外环境与内部艺术画廊之间建立起了一个"中介"空间，这个空间可以用于放置建筑设备、帮助调节室内光线以及提供其他对建筑的功能起着重要作用的环境条件。

福斯特建筑事务所，塞恩斯伯里视觉艺术中心，东英吉利大学，诺维奇，诺福克郡，英国
1978年

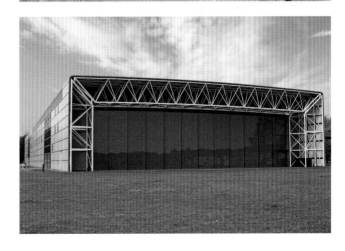

现代主义之后

"现代建筑已经于1972年7月15日下午3时32分在美国密苏里州圣路易斯城死去"——美国评论家及景观设计师查尔斯·詹克斯（Charles Jencks）在其著作《后现代主义建筑语言》（*The Language of Post-Modern Architecture*，1977年）的开篇便这样宣称，而定义了建筑新纪元开端的事件则是日裔美国建筑师米偌如·雅马萨奇（Minoru Yamasaki）所设计建造的帕鲁伊特伊戈公寓群的倒塌（Pruitt-Igoe housing development）。竣工于1956年，由33座11层高的建筑组成的帕鲁伊特伊戈公寓群在建成不到20年之后，因暴力、贫穷和腐败而声名狼藉，最终被政府拆除。

《美国大城市的生与死》

帕鲁伊特伊戈公寓群的倒塌在当时成为了批判现代主义建筑引发一系列意想不到的后果的典型。现代主义不但没有缓解，反而越发加剧了工业化社会的等级分化。而相对于其他地方，在帕鲁伊特伊戈的情况又不可避免地更为复杂。首先，虽然政府承担了公寓群的建设费用，但是后期运营成本的来源是租户们的租金，事实上公寓的住户们都非常贫穷，政府从来就没有征收到足够的资金，这使得建筑的维护状态非常差；然后，项目的竣工恰好也遭遇了圣路易斯市区人口的衰落，富裕的白人社区纷纷向郊区转移，一同带走的还有产业与就业机会，而对于帕鲁伊特伊戈公寓群大多数黑人居民来说，他们的就业前景变得更为渺茫，许多人因此不得不在严苛的社会福利制度之下勉强度日。尽管有这些客观因素的存在，但是无法掩盖的是帕鲁伊特伊戈公寓群响亮地证明了现代主义坚持以建筑作为社会变革工具的思想已经开始误入歧途。现代主义已经受到了来自各方面的言论的攻击，尤其是作家及社会活动家简·雅各布斯的著作《美国大城市的生与死》（*The Death and Life of Great American Cities*，1961年），对现代主义的城市规划提出了强烈的指责。

20世纪60—70年代出现了不断地针对现代主义建筑的攻击，放大在更宏观的范畴内，反映的是社会上对启蒙运动思想的"进步"以及"大叙事"（grand narratives）理念的批判，而现代主义恰好处于这场论战的前沿。具有影响力的法国哲学家让-弗朗索瓦·利奥塔（Jean-François Lyotard）在其1979年出版的著作《后现代状况》（*The Postmodern Condition*）中公开陈述："当前的时代，属于后工业化的社会，属于后现代主义的文化……不管是以怎样的方式组织在一起，也无论是为了激励还是解放，所谓的'大叙事'的方式已经丧失了其可信度。"这种思想反映在建筑上，则体现在拒绝接受以任何形式出现的"元构架"概念——无论是现代主义还是其他任何主义，建筑应该具有更为广泛的目的和含义，在本质上一切事物都具有其相对性。

利奥塔的理论的主要矛盾性之一在于推翻"大叙事"运动的本身就是一次"大叙事"事件。此外，仅仅以一种评判方式进行定义，似乎也完全忽视了现代主义建筑在形式、空间与结构上的多样性，特别是在现代主义已经开始进入转向呼应地方传统与背景的时期。利奥塔以及其他社会学家的评论得到了广泛流行，而他们所主张的以多样的"小型叙事"取代整体的"大叙事"的思想也为建筑学提供了一个有趣的发展方向：建筑可以是结构性的而不是内容性的。

起初，在詹克斯的拥护下，建筑开始转向以"语言游戏"（language games）为特征的后现代主义（Postmodernism）——相对于现代主义，后现代主义以一种明显带有具象主义的思想讽刺的方式引用古典主义装饰。然而，后现代主义最终被证明是一次短暂的、反进步性的尝试。进入20世纪80年代，一个建筑表现与手法丰富多彩的时代已经来临：计算机模拟技术的崛起，创造了新的、激进性的建筑形式，使各种性能分析成为现实，其为建筑提供的可持续性，是现如今建筑师生成所有方案说服力的指导性原则。

地域主义

后现代主义

解构主义

生态建筑

表现理性主义

文脉主义

地域主义

地区： 世界范围
时期： 20世纪60年代至今
特征： 创新的形式；情感；风土；识别性；乡土建筑类型；纯粹

事实上，20世纪30年代现代主义刚一走出欧洲，便不断地与丰富多样的地方传统与气候之间发生碰撞。而即使是在欧洲本土地区，现代主义也很快与地方的环境相融合，尤其是在地中海地区。何塞普·路易·塞特（Josep Lluís Sert）是最著名的一批将柯布西耶的现代主义与地方传统的构造和材料相融合的西班牙建筑师之一。位于意大利卡普里岛的马拉帕特别墅（Casa Malaparte，1928—1942年）由建筑师阿达尔贝托·利贝拉（Adalberto Libera）设计，业主库尔齐奥·马拉帕特（Curzio Malaparte）是一位现代主义作家。别墅位于突出海面的一块岩石上，建筑形式与自然场景奇妙地结合在一起，完美地诠释着建筑与环境、场所之间的关系。20世纪30年代，勒·柯布西耶在阿尔及尔的众多城市项目的设计中也同样面对这一建筑学的基本问题，不同的是后者的尺度更为宏大。

20世纪30年代，大批现代主义建筑师离开了欧洲，同时带走的还有他们的设计思想与理念，其中最著名的有埃里克·门德尔松在以色列的一些建筑作品。与此同时，一些国家已经发展并保持了具有自身特点的现代主义文化，尤其是在巴西新首都巴西利亚的设计中，建筑师奥斯卡·尼迈耶（Oscar Niemeyer）从巴西的自然景观——山脉、河流和海滩——中汲取灵感，创造出一系列由曲线的形式与体块组成的建筑语言。城市规划师卢西奥·科斯塔（Lúcio Costa）受勒·柯布西耶的"光辉城市"的影响，在新首都的总平面设计中将尼迈耶设计的建筑群放置在平坦开阔的场地，渲染出了一种特有的、具有现代感的巴西式的纪念性。

20世纪60—70年代，进步的建筑师们开始避免将现代主义作为指导原则。一方面，全球化与城市化的飞速发展，尤其是在一些发展中国家，将传统文化与价值观推向了生死存亡的关口；另一方面，现代主义的玻璃幕墙摩天大楼的泛滥，在国际范围内越发导致了建筑的同质性。处于不同文化与背景下的建筑师们开始打破现代主义表面性的约束，转而热衷于体现地方性的材料、类型与乡土特色。在某些情况下，这种思想会导致肤浅与表面化的"虚饰主义"（veneerism），但是另一批建筑师则敏感地将传统、环境和气候进行吸收与提炼，在此基础上进行重构、再生，创造出特别的、适应性的、具有地域性标志的现代主义。1983年，评论家肯尼斯·弗兰姆普顿（Kenneth Frampton）在其文章《批判性的地域主义》（Critical Regionalism）中对这种已经出现并使用了几十年的设计手法进行了描述。

创新的形式

第二次世界大战后的拉丁美洲现代主义建筑以大胆的形式和结构而著称——包括大型悬挑结构、抛物线拱顶和混凝土壳体，建筑师们从乡土建筑甚至是古代遗迹中吸取灵感。巴西新首都巴西利亚的建设开创了一个先河，使建筑师尼迈耶能够将自己创造出的以曲线形式表达不朽性的建筑语汇生动地运用在三权广场（Plaza of the Three Powers）的设计之中。

奥斯卡·尼迈耶，三权广场，巴西利亚，巴西
1958年

情感

从超现实主义（Surrealism）以及当代墨西哥抽象几何绘画艺术中获取灵感，路易斯·巴拉干（Luis Barragán）使用涂以色彩的平面、光影和水创造出充满诗意的、超凡脱俗的建筑空间，而在情感上明显是墨西哥式的。同为墨西哥建筑师的里卡多·列戈瑞达（Ricardo Legorreta）和特奥多罗·冈萨雷斯·德·莱昂（Teodoro González de León）继承了巴拉干的设计手法。虽然处于完全不同的背景之中，日本的建筑师安藤忠雄（Tadao Ando）也十分关注对建筑情感的表达。

路易斯·巴拉干，巴拉干自宅，墨西哥城，墨西哥
1947年

风土

在澳大利亚，早期的建筑师哈里·西德尔（Harry Seidler）坚持的是国际主义的设计风格，虽然在其20世纪50—60年代的作品中确实存在着某些与风土特色之间的妥协。而在之后的一代建筑师中，格伦·马库特（Glenn Murcutt）对澳大利亚的现代主义进行了重构，他设计的一系列带有波纹铁板顶盖的住宅建筑，是一种本土文化的体现，以及对土著居民原始庇护所的一种隐喻，而对自然光线与通风诗意般的运用，则与建筑的地理位置有着密不可分的联系。

格伦·马库特，鲍尔·夷斯特威住宅，新南威尔士州，澳大利亚
1980—1983年

识别性

西方的后现代主义所表达出的历史主义思想通常是浮于表面的或具有戏谑意味的，但是本着对环境的理解，对社会、政治、宗教、历史的尊重，就可以生长出一种新的反映地方价值观的建筑形式。杰弗里·巴瓦（Geoffrey Bawa）设计的斯里兰卡国会大厦（Sri Lankan Parliament Building）在形式上表现出的是比例放大了的当地村落建筑的意象，象征着这个国家宗教与种族的复杂性与多样性。

杰弗里·巴瓦，国会大厦，科伦坡，斯里兰卡
1980—1983年

乡土建筑类型

　　创造性地结合乡土建筑类型是地域主义建筑的一个常见的特征。埃内斯托·罗杰斯（Ernesto Rogers）在意大利米兰设计的维拉斯加塔楼（Torre Velasca, 1956—1968年）是一个早期的例子，设计将现代建筑的用途与规模和意大利城堡塔的形式富有趣味地结合在一起。在新德里亚运村建筑的设计中，建筑师拉兹·里华尔（Raj Rewal）没有采用现代主义典型的板式高层建筑，而是从乡土建筑类型出发，创造出了以不规则的建筑、狭窄的街道和庭院为特色的低层解决方案。

拉兹·里华尔，亚运村，新德里，印度
1980—1982年

纯粹

　　艾德瓦尔多·苏托·德·莫拉（Eduardo Souto de Moura）是阿尔瓦罗·西扎（Álvaro Siza）的学生，两位建筑师的作品往往都来源于对现有场地特质深刻的、诗意的解读。布拉加体育场（Estádio Municipal de Braga）建在一处采石场的旁边，材料的质感、形式的纯粹、地域性特色的视觉传达，以及激发人们对传统回忆的理念共同定义了这座建筑的特征——其风格与现代大多数的体育场建筑完全不同。

艾德瓦尔多·苏托·德·莫拉，布拉加体育场，布拉加，葡萄牙
2003年

后现代主义

地区： 国际范围，尤其是在美国和英国
时期： 20世纪70—90年代初期
特征： 分裂；符号建筑；复杂性；矛盾性；"坎普"文化；虚饰主义

1966年，罗伯特·文丘里（Robert Venturi）发表了他的重要著作《建筑的复杂性和矛盾性》（*Complexity and Contradiction in Architecture*）。与《走向新建筑》（见148页）相对应，这本一部分是宣言，一部分是过去十几年建筑剪辑册的著作，面对的读者是成长于现代主义盛行时期，但是越发感觉到现代主义的局限性的建筑师们。在著作中，文丘里所宣扬的是一种包含了引用、分解与分层手法的充满象征意义的建筑形式，这种思想影响了波洛米尼（Borromini）、鲁琴斯和阿尔托等大批建筑师。在许多方面，文丘里把对现代主义的指责以刻意的、讽刺漫画的方式表达，漫画中描绘了20世纪60年代的玻璃幕墙、拥堵的城市建筑物以及经常将城市中心一分为二的巨大机动车道路。事实上，文丘里所引用的事例大都与真正的现代主义思想相去甚远，而其所热衷的折中主义与暧昧性，也只能在一定程度上缓解现代主义的单调乏味。

文丘里的工作在更广阔的范围内反映的是20世纪60年代的一种反主流文化的思潮，社会的年青一代开始质疑和挑战他们所面对的种种政治、社会与种族问题的现状。文丘里的名言"少即是乏味"是对密斯著名的格言"少即是多"戏谑的改编，是这个时代广泛向权威发出挑战的象征。波普艺术（Pop Art）的推动者们，尤其是画家安迪·沃霍尔（Andy Warhol）、罗伯特·劳森伯格（Robert Rauschenberg）和贾斯培·琼斯（Jasper Johns）试图推翻抽象主义类似表达精神情感的形式系统，转而崇尚符号、图像和可以大量生产的通俗文化。建筑师布鲁斯·戈夫（Bruce Goff）设计的贝林格住宅（The Bavinger House，1950年）位于俄克拉荷马州的诺曼（Norman），建筑的选材丰富多样，自然的材料、天然艺术品与结构体系融合为一体，建筑形式几近于精美。与此相似的，抛开现代主义的社会和技术层面，文丘里推崇的是一种谦逊的街头文化——"街区的大环境应该是一致的"，主张表现建筑的内在复杂性、形式类型的文化属性、社会关系的延续传承，这种观点在简·雅各布斯（Jane Jacobs）的许多文章中也有大篇幅的论述。后现代文化达到顶峰的地区是拉斯维加斯州与内华达州，文丘里与他的妻子及商业上的伙伴丹尼斯·斯科特·布朗（Denise Scott Brown）以及斯蒂文·伊泽诺（Steven Izenour）在他们的著作《向拉斯维加斯学习》（*Learning from Las Vegas*，1972年）中将这两处地方热情地赞扬为美国日常生活的真实体现。

无论起初的思想是多么的激进与锐利，到了20世纪80年代，后现代主义的思想越发变得迟钝了。随着金融服务行业在美国和英国爆发式地增长，以古典主义装饰的办公大楼方兴未艾，而这些新兴的建筑对旧有的城市体系仅仅是一种肤浅的反击。

分裂

门兴格拉德巴赫市博物馆（Städtisches Museum，Mönchengladbach）由汉斯·霍莱因（Hans Hollein）设计，与之形成鲜明对比的是建筑电讯派和新陈代谢主义的巨型结构建筑（见188页）——可以说是巨型城市思想最后的沉吟。建筑坐落于台地之上，分散的结构体系使得建筑由不同尺度的群体组成，形式的处理、材料的使用都丰富多样。

汉斯·霍莱因，门兴格拉德巴赫市博物馆，德国
1972—1982年

符号建筑

《向拉斯维加斯学习》一书对著名的"长岛鸭仔"与"装饰过的棚屋"两种模式分别进行了阐述。前者被认为是属于现代派的，所引发的结果是建筑的内部组织被限制在一个整体性的符号表达之中；而对于后者，表面的装饰性使内部的组织与外部的交流完全脱离，建筑被释放的是具象化的潜力。

罗伯特·文丘里，母亲住宅，栗树山，费城，美国
1963年

复杂性

20世纪60年代，当文丘里开始向古典主义张开怀抱的时候，所谓的"纽约五人组（New York Five）"——彼得·艾森曼（Peter Eisenman）、理查德·迈耶（Richard Meier）、查尔斯·格瓦德梅（Charles Gwathmey）、约翰·海杜克（John Hejduk）和迈克尔·格雷夫斯（Michael Graves）此时正将注意力集中在形式化的现代主义。而格雷夫斯最终还是转向了古典主义，他设计的贝纳塞拉夫住宅（Benacerraf House）暗示了形式的复杂性，这一特点在其后来的作品中得到了发展。

迈克尔·格雷夫斯，贝纳塞拉夫住宅附属建筑，普林斯顿，新泽西州，美国
1969年

矛盾性

坐落在对称式布局的旧博物馆旁边，由詹姆斯·斯特林（James Stirling）设计的斯图加特新国立美术馆有着不朽感的曲线形式和明显的古典主义细部，唤起人们对古罗马广场遗迹的回忆，而同时彩釉玻璃和鲜艳颜色的运用又体现出高技派的特征。对于建筑师而言，这座建筑既具有表象性又具有抽象性，既是纪念性的又是非正式的，既传统又高科技。

詹姆斯·斯特林、迈克尔·威尔福德，新国立美术馆，斯图加特，德国
1977—1984年

"坎普"文化

1964年，评论家苏珊·桑塔格（Susan Sontag）将"坎普（Camp）"描述为一种感觉，强调"质感，表面的感觉，以牺牲内容为代价的风格……（沉醉于）运用夸张、抽离的方法，使事物改头换面……（而且）将一切事物视为可以引用的符号"。后现代主义所具有的戏剧性、欺骗性以及通常是光鲜亮丽的官能性，意味其建筑表现实体的感性状态通常接近于"坎普"的边缘。

查尔斯·摩尔，意大利广场，新奥尔良，美国
1975—1979年

虚饰主义

后现代主义浮于表面的特点，尤其体现在办公大楼建筑的设计中——与现代主义建筑相比，两者基本的结构形式即便不是完全相同，也通常是非常相似的。菲利普·约翰逊设计的美国电话电报公司大楼（AT&T Building），在结构形式上完全是现代主义的；而建筑顶部的有缺口的山形墙显然是受到了18世纪托马斯·齐彭代尔家具设计的影响，三段式的垂直划分，则使人回忆起沙利文在19世纪90年代设计的众多芝加哥塔楼（见151页）。

菲利普·约翰逊，美国电话电报公司大楼，纽约，美国
1981—1984年

解构主义

地区： 国际范围
时期： 20世纪80—90年代初期
特征： 分层；隐喻；支离破碎；雕塑感；互文性；流动的曲线

建筑艺术和文学理论之间一直存在着不稳定的关联。第二次世界大战结束之后，建筑学被视为一种语言的理念——由于形式和结构传达意义的方式与字母和单词是相同的，因此建筑也应遵循相应的语法规则而生成——得到了建筑理论家以及其他学科的理论家们的进一步研究，其中著名的有意大利作家翁贝托·埃科（Umberto Eco）。结构主义（Structuralist）语言理论通过法国人类学家克洛德·列维–斯特劳斯（Claude Lévi-Strauss）的作品表达出来，对20世纪60—70年代许多建筑师的作品起着定义性的作用，其中包括拉尔夫·厄斯金（Ralph Erskine）和阿尔多·范·艾克（Aldo van Eyck）。然而，直到建筑逐渐转向后结构主义（Post-Structuralism）的20世纪80年代，建筑和各种语言模型之间的组合效应才开始得到实质性的探索。

1988年，在纽约现代艺术博物馆（MoMA）由菲利普·约翰逊和马克·维格（Mark Wigley）举办的展览"解构主义建筑"（Deconstructivist Architecture）力图阐明建筑风格与解构主义之间的关系。依照法国哲学家雅克·德里达（Jacques Derrida）的观点，解构主义属于后结构主义语言的一个特殊的流派。德里达认为西方世界广泛的哲学批判思想以及对二元对立论的颠覆是解构主义得以建立的基础。德里达试图以新的修辞、概念推翻已经固化的"表意"对"符号"有着绝对统治力的层级系统，特别是以一种"延异"（différance）的方式规避二元对立的相互状态。

长期以来二元对立的概念对建筑学起着定义性的作用：规则—不规则、功能—形式、理性—情感以及在20世纪70—80年代对抗激烈的现代主义—后现代主义，而解构主义则为建筑师提供了一种规避二元对立的途径。解构主义付诸建筑形式上，如建筑师弗兰克·盖里（Frank Gehry）、彼得·艾森曼（Petar Eisenman）或丹尼尔·里伯斯金（Daniel Libeskind）的作品，在MoMA的展出占有重要的位置，这些建筑所呈现出的是片段式的抽象形式、拼凑感以及背景和场地之间复杂的关系。

展览的标题"解构主义"与"构成主义"有着笨拙的同质性，这暗示着俄国构成主义对建筑师如扎哈·哈迪德（Zaha Hadid）、雷姆·库哈斯（Rem Koolhaas）、伯纳德·屈米（Bernard Tschumi）、奥地利的库柏·西梅布芬事务所［Coop Himmelb（l）au］和其他的一些参加展出的建筑师的影响。与构成主义相似，许多解构主义的方案也只停留在了纸面上，所以从设计的超前性的角度议论两者之间存在着关联是有一定道理的。然而，20世纪80年代以来，计算机的运算能力正在以类似指数的方式递增，这使得以前根本无法实现的建筑方案能够成为现实，同时建筑师们也逐渐从解构主义的文学性基础中脱离出来。如今，以计算机为基础的建筑模型，引入了汽车、飞机设计制造行业的软件技术，使得建筑能够随着设计参数的改动而进行实时的变化，扎哈·哈迪德的合伙人帕特里克·舒马赫（Patrik Schumacher）将这种进步以及包罗万象的、衍生于使用这种新兴技术的建筑风格冠以一个新的名称——参数化主义（Parametricism）。

分层

虽然在许多方面理查德·迈耶一直延续了"纽约五人组"的新现代主义，但他在20世纪80年代设计的多层架构建筑与解构主义建筑的许多特征仍有着共同之处。理查德·迈耶的引自勒·柯布西耶的别墅设计的富有动态感的分层系统，使得建筑能够与不同尺度的环境因素之间建立起复杂的关联，这一点尤其体现在其法兰克福的手工艺品博物馆（Museum für Kunsthandwerk）的设计中。

隐喻

丹尼尔·里伯斯金设计的柏林犹太人纪念馆（Jewish Museum in Berlin）的复杂几何形式一方面具有符号表达性，象征着一个抽象的大卫之星（Star of David）；另一方面引入了在大屠杀中死去的犹太家庭的住所之间的连线作为建筑的控制线。一条条像伤口一样的窗洞作为建筑本身的采光，贯穿了整个表皮和室内的各条参观路线——以一种特别的、萦绕于心头的方式唤起人们对纳粹的大屠杀所试图摧毁的犹太人文明的思考。

理查德·迈耶，手工艺品博物馆，法兰克福，德国
1981—1985年

丹尼尔·里伯斯金，犹太人纪念馆，柏林，德国
1989—1996年

支离破碎

　　弗兰克·盖里设计的位于毕尔巴鄂的古根海姆博物馆（Guggenheim Museum in Bilbao）是迄今为止最著名的与解构主义关联在一起的建筑，尽管他本人有意回避了这种描述。建筑使用了传统的模型推敲，同时借助了研发幻影战斗机（Mirage fighter jets）的计算机软件进行设计。以光滑的钛金属板所组成的复杂的、支离破碎的形式，使得古根海姆博物馆迅速成为全球性的标志性建筑物。

弗兰克·盖里，古根海姆博物馆，毕尔巴鄂，西班牙
1997年

雕塑感

伯纳德·屈米设计的拉·维莱特公园（Parc de la Villette）是由总统弗朗索瓦·密特朗亲自委托建造的工程，并且是一个明显具有21世纪特点的城市景观公园。屈米设计了许多红色钢结构的点景物（follies）作为场地视线的焦点。这些点景物采用了具有原发性和随意性的形式系统，所表达的本意是不参照固定的模式，既可以使人联想起安东尼·卡罗（Anthony Caro）的一些雕塑作品，尤其是《某日清晨》（*Early One Morning*，1962年），同时也让人想到构成主义富有鼓动性的结构形式。

伯纳德·屈米，拉·维莱特公园，巴黎，法国
1982—1893年

互文性

互文性（intertextuality）的概念由后结构主义理论家茱莉亚·克莉斯蒂娃（Julia Kristeva）所提出，强调一段叙事的意义由其他叙事所形成，这与彼得·艾森曼的作品所体现的思想相符合。彼得·艾森曼设计的韦克斯纳艺术中心（Wexner Center）在错位的现有的大学校园网格与城市网格之间进行转换，分裂的城堡形式与裸露的钢结构框架并存，在思想内涵方面超出了功能与环境所能涵盖的范畴。

彼得·艾森曼，韦克斯纳艺术中心，俄亥俄大学，俄亥俄州，美国
1990年

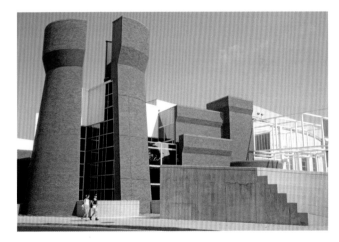

流动的曲线

虽然在1988年MoMA的展出中扎哈·哈迪德是一位重要的参与者，但是在当时她还没有已建成的作品。然而，正是从那以后，扎哈·哈迪德开始成为全球最著名的建筑师之一，她设计的项目遍布世界各个大洲。在参数化设计的辅助之下，哈迪德的以流动的曲线与室内空间为特征的建筑作品得以实现，而仅仅是在20年以前，要实现这些理念则几乎是无法想象的。

扎哈·哈迪德，MAXXI国立21世纪美术馆，罗马，意大利
2010年开放

生态建筑

地区： 国际范围

时期： 20世纪70年代至今

特征： 场地能源利用；绿化屋顶；传统材料；地方形式的适应；新技术；建筑之外

可持续性（Sustainability）——将建筑在施工期间以及整个生命周期中对环境的影响最小化——有潜力成为一种新的建筑组织原则，是一种新的现代主义思想。由化石燃料提供能源——从起初的煤炭，到现在的石油和天然气——的现代工业创造了人类历史上最伟大的发展时期，但是同时在地区以及全球性的范围内引起了前所未有的环境破坏和污染。

现代主义者将视线集中于科学技术和工业生产对社会变革的潜力，而对于现代性对环境所带来的影响则没有给予足够的关注。即便是弗兰克·劳埃德·赖特主张的以著名的流水别墅（1934—1937年，见181页）为代表的"有机建筑"，也只是扩展地应用了对环境有害的钢筋混凝土的性能来实现激动人心的悬臂式"托板"结构。而即使是现代主义典型地使用了遮阳百叶的钢结构玻璃幕墙建筑，在环境方面的考虑也表现得非常有限，而这些建筑通常需要相应的空气调节系统（对于摩天大楼有着必要性）以保持室内良好的工作与生活环境。此外，现代主义的城市规划设计普遍围绕如何为私家车提供更大的便利性而展开，很少关心随之而来的环境污染所引发的负面效应。

20世纪60年代兴起的环保运动，不谋而合地在某种程度上呼应了当时出现的许多反对现代主义的声音。雷切尔·卡逊（Rachel Carson）发表的著名的《寂静的春天》（*Silent Spring*，1962年）被公认为是一部倡导了环境保护主义的重要著作。在书中，卡逊描述了杀虫剂DDT——为了清除疟疾而广泛应用于消灭蚊虫的一种杀虫剂——对鸟类有不可预见的有害影响，而伴随着食物链的向上传递，甚至对人类有着潜在的影响。在很大程度上，这个例子揭示出了现代主义的一个自相矛盾的困境：尽管建筑师和规划师们是出于最好的意愿，但是他们的设计往往对人和自然环境造成了意想不到的破坏性的后果。

1968年，当"阿波罗8号"在月球轨道上运行的时候，宇航员威廉·安德斯（William Anders）拍摄了被之后广泛转载的照片"升起的地球"（Earthrise），在照片中，地球是如此的渺小与脆弱。而1979年，詹姆斯·洛夫洛克（James Lovelock）首次提出的具有影响力的、备受争议的"盖亚"（Gaia）理论也反映了相同的思想，他将地球视为一个单一的有机体，这个整体中的所有元素的运转都维持着一种精心的平衡。20世纪80—90年代环境保护主义得到进一步的发展，其关注的领域从核能、核武器与臭氧层的破坏到森林砍伐与气候变化，对建筑领域产生了众多而复杂的影响。

建筑师越来越多地学习并吸收现代主义之前的以地方材料建造和适应地方的环境条件的乡土建筑的优点。同时，复杂的计算机模型使得建筑潜在的环保性能可以在设计阶段就得到分析并改进。从这个意义上而言，随着建筑的环保性能越发成为设计的因素，可持续性的理念提升了建筑学在社会、政治和经济领域内的重要性，在设计作品中为建筑师们带来了新的使命感。

场地能源利用

对照明、采暖或通风的需求决定着建筑永远在消耗能源。利用场地生成的能源往往比使用国家管网的能源更加有效、更加经济。太阳能电池板、风力发电机和地源热泵可以在现有的建筑物中进行改造，也可以设置在新建的建筑中，如伊东丰雄（Toyo Ito）设计的高雄国家体育场（Kaohsiung National Stadium），将太阳能电池板融入蜿蜒的、未来主义风格的建筑主体之中。

伊东丰雄，高雄国家体育场，高雄，中国
2009年完工

绿化屋顶

在世界各地的乡土建筑中所常见的绿化屋顶越来越成为可持续建筑标准语汇的一部分。绿化屋顶提供良好的隔热性，同时可以吸收雨水（在城市环境中尤其重要），甚至可以为一些特定野生动植物提供栖息地。新加坡的WOHA建筑事务所将绿化屋顶的概念拓展到带有树木的综合性园林，并应用在许多建筑作品中。

WOHA建筑事务所，Iluma购物中心，新加坡
2009年完工

传统材料

混凝土的制造加工可以占到一个地区每年二氧化碳排放量的5%。因此，采用可持续性的地方材料可以大大减少建筑对环境的影响。由可持续性建筑的前沿——爱德华·卡里南建筑事务所（Edward Cullinan Architects）设计的丘地博物馆（Downland Gridshell），使用绿色的橡木创造出一个新型的网格结构，建筑消耗的能源只占同等规模的钢结构建筑的一小部分。

爱德华·卡里南建筑事务所，丘地博物馆，苏塞克斯，英国
1996—2002年

地方形式的适应

伦佐·皮亚诺设计的让·马里·吉巴马文化中心（Jean-Marie Tjibaou Cultural Centre）以卡纳克人独立运动的领袖的名字而命名，建筑的宗旨是向世界展示并宣传当地卡纳克人的文化。建筑的材料取自当地的桑科树，创意来源于卡纳克人圆锥形土著建筑的"船帆"，创造出一组符合当地气候与自然景观的复杂的建筑群落。

伦佐·皮亚诺，让·马里·吉巴马文化中心，努美阿，新喀里多尼亚
1991—1998年

新技术

福斯特建筑事务所设计的"小黄瓜"是伦敦金融商业区可持续性建筑的标志物,项目的实现有赖于计算机建模技术和复杂的施工工艺。建筑曲线的形式对双层玻璃幕墙表皮之间形成的空气压力差起到了积极的作用,保持了室内夏天的凉爽和冬天的温暖,这种被动式的通风大大地降低了对昂贵的并且危害环境的空调设备的需求。

福斯特建筑事务所,圣玛丽斧街30号("小黄瓜"),
伦敦,英国
2001—2004年

建筑之外

可持续发展的议程为建筑师们提供的一个最重要的机遇是可以将建筑的讨论扩展到社会、政治、经济以及环境问题的层面。纽约由詹姆斯·韦恩斯(James Wines)领导的SITE事务所是这方面的先驱,他所主张的整体性、多学科的设计方法,提供了一种振奋人心的也是有趣的处理建筑与自然环境之间关系的途径。

SITE事务所,诺兹展销店,萨克拉门托,加利福尼亚州,美国
1977年

表现理性主义

地区： 世界各地
时期： 20世纪90年代至今
特征： 复杂性；庞大；交叉混合；相对性；隐逸；标志性

从20世纪80年代直到现在，表现理性主义（Expressive Rationalism）固有的内在矛盾性一直广泛地对建筑领域起着定义性的作用。表现理性主义所描述的建筑具有令人难以置信的复杂性，在形式上几乎是超现实主义的，这些理念只有借助于计算机模型和先进的工程技术才能得以实现。

荷兰建筑师雷姆·库哈斯是具有表现理性主义倾向的倡导者之一。在其著作《疯狂的纽约》（*Delirious New York*，1978年）中，库哈斯公开宣称"曼哈顿是西方世界的文明走向尾声的最终舞台……这一点铁证如山而无须声明"。库哈斯同时认为摩天大楼在很大程度上正是现代城市所固有的非理性的终极标志（尽管貌似地铁也可以竞争此殊荣），而这也是从19世纪初期提出的曼哈顿的城市网格系统所推导出的逻辑结果，他认为这种有着纽约原型特征的标志性建筑促进了新的、不可预测的社会与经济关系的形成："摩天大楼为商业提供了广阔的空间，是人造的西部荒野、天空中的疆界。"

在之后的发表于2001年的一篇重要的文章中，库哈斯提出了"垃圾空间"（Junk-space）的概念，所描述的是一种"在现代化已经发展完毕之后所剩余的空间，或者更准确地说是凝固在现代化进程中所附带的结果"。对于库哈斯来说，"已建成的这些建筑物……只是现代化的产品而不是现代的建筑，是'垃圾空间'，是对环境、等级、特性与形式的肢解，是现代主义盲目迷恋单一的组织秩序与交流方式的结果"。因此，库哈斯所创建的大都会建筑事务所（OMA）的许多作品，特别是西雅图图书馆（Seattle Library），建筑的组织被刻意地复杂化，看似不相协调的组件以一种特定的关系并存，对简单的建筑交流方式持否定的态度：建筑在视觉的传达和整体的表现理性主义倾向上是激进的；高度复杂的形式感；超出原有的预期和对结构逻辑的颠覆，以及极少体现出的——如果有的话——与现有的建筑和自然环境之间存在联系（这一点符合现代主义的意识形态，在任何情况下可以很快被取代或替换）。所有的这些聚合在一起成为一个奇点、一种象征，为了消解"垃圾空间"的乏味与平庸。

复杂性

赫尔佐格&德·梅隆（Herzog & de Meuron）等设计的北京的"鸟巢"（Bird's Nest stadium），其建筑的钢结构形式奇特而复杂。

赫尔佐格&德·梅隆等，鸟巢国家体育场，北京，中国
2003—2008年

庞大

库哈斯在其具有创新性、影响力的著作《S，M，L，XL》（1995年）中，详细阐述了"庞大"的理论。他认为建筑一旦达到一定的规模，常规的建筑原则将不再适用；这为建筑提供了新的可能性，可以在不同的尺度上与城市相结合。例如OMA设计的西雅图图书馆有着奇特的、无尺度感的折叠式立面，建筑表皮对内部的功能没有产生任何的暗示。

OMA，西雅图图书馆，西雅图，美国
1999—2004年

交叉混合

伊东丰雄设计的仙台媒体中心（Sendai Mediatheque）以流动的、没有阻碍的空间与对话方式将图书馆、画廊、剧院和咖啡馆综合成为一个整体。透过玻璃表面看过去，每层楼板似乎悬浮在众多扭曲布置的钢管斜肋骨架之上，这些骨架不但提供了结构上的支撑，同时兼作竖向交通以及为设备管线提供空间。对于建筑师来说，建筑是城市的一个缩影，各种事物互相影响而并存，而永恒的是不稳定性。

伊东丰雄，仙台媒体中心，仙台，宫城县，日本
1995—2001年

相对性

交叉式设计在否定了现代主义所坚持的单一的组织秩序的同时也颠覆了现有的文化层级，并使之变得相对化。奢侈品专卖店和高端艺术画廊也越来越体现出趋同性并被互相借用，一个典型的例子是扎哈·哈迪德设计的罗卡伦敦画廊（ROCA London Gallery）：一座卫浴产品的陈列室，同时希望被打造成为一个"文化中心"。

扎哈·哈迪德建筑事务所，罗卡伦敦画廊，伦敦，英国
2009—2011年

隐逸

一些建筑师尤其是彼得·卒姆托（Peter Zumthor）所创造的作品，隔绝了外界的影响，是一种建筑向内在的反消费主义的回撤，同时也有几分人为的不自然的真实性，但还是通过建筑师的名声得以实现，卒姆托有能力选择他的项目与客户。

彼得·卒姆托，温泉浴场，瓦尔斯，瑞士
1993—1996年

标志性

　　盖里设计的毕尔巴鄂古根海姆博物馆,提供了一个快速识别一座城市的标志物,这种模式在世界各地得到大量复制,被称为"毕尔巴鄂效应"。标志性建筑物的数量在不断激增,一方面开发商试图通过聘请"明星建筑师"来为项目造势,另一方面规划部门也默认了这些地标建筑令人质疑的市场价格。高耸的、帆船状的阿拉伯塔酒店(Burj Al Arab),其首要的作用是迪拜的国际符号象征,而作为一个豪华酒店的功能则是第二位的。

汤姆·赖特、阿特金斯,阿拉伯塔酒店,迪拜
1994—1999年

文脉主义

地区：世界各地，尤其是欧洲
时期：20世纪60年代至今
特征：诗意；新城市主义；新理性主义；新普遍主义；再诠释；分层

20世纪70年代现代主义的城市规划受到来自多方面的攻击。"建在公园里的平板"的理念越来越不能成立了，建筑师们已经开始考虑如何重新与地方环境、传统和类型学相对接，意大利的阿尔多·罗西（Aldo Rossi）是这一方面最著名的、思想最深刻的建筑师之一。阿尔多·罗西发起了"坦丹萨学派"（Tendenza）运动，其思想的来源可以追溯到20世纪30年代的意大利理性主义者，尤其是建筑师朱塞佩·特拉尼（见174页），因此罗西和另一位学派的领导者乔治·格拉西（Georgio Grassi）的作品通常也被冠以"新理性主义"的称谓。罗西出版的著作《城市建筑》（*L'architettura della città*，1966年），奠定了新理性主义运动的理论基础，确立了一系列基本的城市类型，从这些类型可以向前追溯到勒·柯布西耶、申克尔、勒杜以及帕拉第奥，同时也包括特拉尼的作品。罗西认为，这些历史中反复出现的类型模式，如入口、大门、通道、柱廊或桥，以及它们的构成形式——尤其是立方体、圆柱体和圆锥体，可以根据现代社会的需要重新被采纳并应用到建筑与城市的设计之中，使过去和现在之间保持一种连续性；这将避免现代的功能主义的乏味与平庸。罗西的建筑作品有着简朴的抽象的几何形式，近似于古典主义的内涵，没有陷入后现代主义的、浮于表面的对古典风格照搬式的引用。

罗西的理论在20世纪60—70年代的一大批建筑师中引起了共鸣，尤其是德国的奥斯瓦尔德·马蒂亚斯·昂格尔斯（Oswald Mathias Ungers）。昂格尔斯以及其他的新理性主义建筑师如罗伯·克里尔（Rob Krier）、格拉西包括罗西本人，在柏林国际建筑展（IBA Berlin）中以新理性主义而获得了世人的关注。始于1979年约瑟夫·保罗·克莱修斯（Josef Paul Kleihues）的倡导，完成于1987年的柏林国际建筑展试图找到一种途径，将仍在不断遭受破坏中的城市团结在"批判性的重建"的旗帜之下。尽管也出现了一些与新理性主义思想意见相分歧的建筑师，但是柏林国际建筑展在总体上遵循了建筑元素原型化的设计思想，将重点聚焦于街道与立面，使新建建筑与原有的城市肌理整合在一起。

罗西坚持重现建筑原型的潜在的思想基础是他始终认为一座城市应该对所有居民的集体记忆有所表达。对于罗西来说，城市的干预在不断改变着人们的集体记忆，如果这些干预与预先存在的原型不相符合的话——按照他的逻辑继续推导——现代主义则是有罪的，因为现代主义在实际上造成了对城市记忆的破坏。虽然在更为缜密的推敲下存在着疑问，但是不管怎样，罗西的这段推理对打破现代主义思想起到了巨大的作用，同时解放了建筑师们的标准参照坐标系。尽管经历了对现代主义思想的矛盾情绪，20世纪的建筑学在总体上还是保持了对历史记忆的迷恋——或者说是对忘却的忧虑，层出不穷的纪念建筑、博物馆、档案馆建筑就是直接的证明，更不必说对物质文化遗产的保护。为了摆脱现代主义的禁锢，建筑学以及建筑师们需要在更广阔的层面上建立起与文脉和连续性之间的联系；在处理现代性与历史性的同时，提供一种新的可能性，一种富有想象力、敏感的、令人振奋的解决方案——无论是对于单个的建筑还是站在城市的尺度上。

诗意

马里奥·博塔（Mario Botta）设计的罗通达住宅（Casa Rotonda）有着抽象的形式，矩形特别是圆柱体的采用、体块的加法与减法，与周围的提契诺州（Ticino）乡土建筑之间产生了共鸣。明显是受到了罗西的影响，博塔对于这种共鸣的思考没有止步于表现简单的建筑形式与文脉的意义，而是包含着一种全球性与地域性之间潜在的张力。

马里奥·博塔，罗通达住宅，斯塔比奥，提契诺州，瑞士
1980—1981年

新城市主义

当柏林国际建筑展的成员们试图对街道进行重新振兴的时候，其他的建筑师特别是莱昂·克里尔（Léon Krier）在发现了现代主义已经误入歧途之后，进一步地主张向传统的欧洲城市结构布局回归。由于克里尔对于分区和城市郊区化的批评有一定可取之处，他的思想为一些更为肤浅的鼓吹回到顽固守旧的传统风格的人们提供了论据。

昆兰·特里，里士满河畔，住宅开发区，伦敦，英国
1984—1988年

新理性主义

罗西的新理性主义在本质上趋向于一种建筑学的柏拉图主义：将时间与尺度排除在外，每一座独特的城市都可以推导出一组抽象的类型和形式的组合。他试图通过各种抽象的引用将这些原型恢复成一种现代主义之后的建筑风格：其结果是质朴的、消隐了尺度感的城市景观，其奇异的程度使人联想起超现实主义画家乔治·德·基里科（Giorgio de Chirico）的作品。

阿尔多·罗西，圣卡塔尔多公墓，摩德纳，意大利
始于1978年

新普遍主义

西扎设计的马拉加住宅区（Quinta da Malagueira）将普遍性的原则与地方的环境、人口和地形相结合。联排的公寓与场地地形相适应，因此每栋建筑都有各自的特点。混凝土的连桥的设置为整个地区提供了一致性，这些连桥同时兼作输水和其他用途——有意识地与附近的罗马输水渠遗迹相呼应。

阿尔瓦罗·西扎，马拉加住宅区，埃武拉区，葡萄牙
1977—1998年

再诠释

在罗马国家艺术博物馆（National Museum of Roman Art）的设计中，拉斐尔·莫内欧（Rafael Moneo）将古罗马的砖覆盖在了混凝土墙的表面，拱形的开口强调了这一形式，产生了令人回味的取景框的效果，同时巧妙地与18世纪皮拉内西（见119页）有着透视效果的雕刻作品相呼应。建筑简洁地表达出了博物馆的历史性主题，地方的历史与触手可及的古罗马遗迹相融合，向世人诉说着过去时代的思想经过一代一代人的继承，如今已传递到了现代人的手中。

拉斐尔·莫内欧，罗马国家艺术博物馆，梅里达，
西班牙
1980—1986年

分层

卡洛·斯卡帕（Carlo Scarpa）是最早的公开将完全现代性的元素整合进历史建筑的建筑师之一。他设计的威尼斯的奎利尼·斯坦帕里亚基金会（Querini Stampalia Foundation，1961—1963年）是对威尼斯历史多层性的一种建筑学隐喻。虽然在新与旧的分层处理的方式上有着相似性，但是与斯卡帕抒情式的情怀形成鲜明对比的，是大卫·奇普菲尔德（David Chipperfield）对柏林新博物馆（Berlin's Neues Museum）的修缮工程，后者所体现的是对有着复杂性与政治导向的项目的一种深思熟虑的、正式的解决方式。

大卫·奇普菲尔德事务所与朱利安·哈拉普合作，
柏林新博物馆，德国
1997—2009年

后记

在很大程度上，海因里希·沃尔夫林所设想的"风格"以及对艺术史的理解方式取决于他个人所关注的领域，在其具有影响力的著作《文艺复兴与巴洛克》（*Renaissance und Barock*，1888年）中，他曾专注于研究府邸建筑平面化的矩形立面与比例系统，热衷于形式主义的类型学分析。现如今，计算机建模技术使得建筑可以以任何能够想象得到的方式进行创建，而3D打印技术则预示着预制的建筑构件甚至能够在施工现场进行设计制作并装配。这是一个建筑正面对着前所未有的多样性的时代，企图构建一个统领一切的模式或理念框架的想法已经不能够与时俱进；同时，建筑在资本的扩张中也扮演着重要的角色，在这种情况下，我们应该如何去看待"风格"所具有的可能性？

在计算机模拟技术可以使建筑的形式被任意创建和生成的时代，除却一些含糊不清的、本质上是主观的意向，根据相同的视觉特征而将形式固定地组合在一起的工作模式已经变得越来越不合时宜，甚至失去了其实用价值。建造技术的进步为建筑的类型学提供了更为现实性的选择空间，而商品化与全球化的特征则意味着即使是最新出现的一种建筑手法也很快成为任何一名建筑师借鉴并引用的一部分。伴随着2008年全球金融危机，将参数化主义作为后福特主义社会的一种无所不包的建筑风格的主张，似乎被过早地、不成熟地提了出来，到现在反而显得有些过时了。

在本书的最后一个章节中曾讨论过，可持续性的命题将会成为一个新的建筑组织原则。值得称赞的是，从建筑界的纲领中所显示出的对可持续性的明显倾向，可以推断建筑师们在这一方面已经起到了引领性的作用，并积极尝试通过改变人类的行为方式来减轻对气候变化的影响。

然而，建立一座可持续的建筑通常需要额外的前期成本，所以几乎可以肯定的是，直到投入与收益的平衡点到达之前，建筑师们所面临的仍将是一场艰苦的斗争。虽然建筑的可持续性在现今仍是一个尚未完全定论并越来越引起争论的命题，然而，它却从根本上扩展了建筑的坐标参照系，提出了一些新的可能性，展示了在不久的未来建筑将沿着怎样的方向发展。

在20世纪和21世纪的进程中，建筑的规模似乎正在以指数的方式进行增长，同时，我们也见证了前所未有的破坏，不仅仅是对自然环境的破坏，还有对原有建筑甚至是对原有城市的破坏。资本主义经济的机制决定了其自身无法停止破坏与再创造的进程，于是仅仅是为了确保新建筑物的诞生，一些原有的建筑就要面临死亡的命运。诚然，工程建设是对环境最具破坏性的人类活动之一；而另一方面，原有的建筑与城市本身也是异常巨大的能源消耗体；因此对环境问题的关注也日益转向了对现有的建筑进行改造和维护上。在这种情况下，对建筑学的可能性的关注却或多或少地被降低了。

而现实是即便是最平凡的现有建筑物，在扩充、填补、调节、改进、重构、重组和重新解读方面都存在无限的潜力。新的技术与材料可以将现代的结构与传统相融合，而整体的解决方案可以通过强大的计算机技术进行测试与模拟，这是一种可以被称为"新经验主义"的工作方式，它向建筑提供了具有重要意义的约束、创新与意识形态的集合，在记忆、特性与经验的层面上，为建筑师的创作提供了无限的可能性，使建筑设计重新回归到了它的本质——我们创造了周围的世界，周围的世界也在塑造着我们。

延伸阅读

注：本节所给出的年代为最新的或市面上最普遍的英文版的出版年代，括号内所补充的为原版最初的发表年代或时期。

综合书目
（包含了各个时期的建筑风格）

欧文·霍普金斯（Hopkins, O.），《解读建筑：视觉词典》（Reading Architecture: A Visual Lexicon），Laurence King出版社，2012。

佩夫斯纳（Pevsner, N.），《欧洲建筑概述》（An Outline of European Architecture），Thames & Hudson出版社，2009。

约翰·萨默森（Summerson, J.），《英国建筑1530—1830》（Architecture in Britain），Penguin出版社，1993。

韦斯顿（Weston, R.），《改变建筑的100个观念》（100 Ideas That Changed Architecture），Laurence King出版社，2011。

沃尔夫林（Wölfflin, H.），《文艺复兴与巴洛克》（Renaissance and Baroque），Collins出版社，1964。

"古典时代"建筑

比尔德&亨德森（Beard, M. and Henderson, J.），《古典艺术：从希腊到罗马》（Classical Art: From Greece to Rome），牛津大学出版社（Oxford University Press），2001。

比尔德（Beard, M.），《帕特农神庙》（The Parthenon），哈佛大学出版社（Harvard University Press），2010。

劳伦斯（Lawrence, A.W.），《希腊建筑》（Greek Architecture），耶鲁大学出版社（Yale University Press），1996。

威尔逊·琼斯（Wilson Jones, M.），《罗马式建筑原则》（Principles of Roman Architecture），耶鲁大学出版社，2003。

早期基督教建筑

科南特（Conant, K. J.），《加洛林与罗马风建筑800—1200》（Carolingian and Romanesque Architecture 800—1200），耶鲁大学出版社，1992。

理查德·克劳特塞默（Krautheimer, R.），《早期基督教和拜占庭建筑》（Early Christianand Byzantine Architecture），耶鲁大学出版社，1992。

哥特式与中世纪建筑

弗兰克（Frankl, P.），《哥特式建筑》（Gothic Architecture），耶鲁大学出版社，2001。

西姆森（Simson, O.G. von），《哥特式大教堂》（The Gothic Cathedral），普林斯顿大学出版社（Princeton University Press），1998。

威尔逊（Wilson, C.），《哥特式大教堂：伟大的建筑》（The Gothic Cathedral: The Architecture of the Great Church），Thames & Hudson出版社，2005。

文艺复兴与手法主义

阿尔贝蒂（Alberti, L.B.），《阿尔贝蒂建筑十书》（On the Art of Building in Ten Books），麻省理工学院出版社（MIT Press），1988。

塞利奥（Serlio, S.），《建筑五书》（The Five Books of Architecture），Dover出版社，1982。

瓦萨里（Vasari, G.），《绘画、雕塑、建筑大师传》（Lives of the Most Excellent Painters, Sculptors and Architects），现代文库（Modern Library），2006。

维特鲁威（Vitruvius），《建筑十书》（On Architecture），Penguin出版社，2009。

维特克维尔（Wittkower, R.），《人文主义时代建筑原则》（Architectural Principles in the Age of Humanism），John Wiley & Sons出版社，1998。

沃尔夫林（Wölfflin, H.），《古典艺术：意大利文艺复兴艺术导论》（Classic Art: An Introduction to the Italian Renaissance），Phaidon出版社，1994。

巴洛克与洛可可

布伦特（Blunt, A.），《巴洛克式和洛可可式建筑与装饰》（Baroque and Rococo Architecture and Decoration），Elek出版社，1978。

道恩斯（Downes, K.），《英国巴洛克建筑》（English Baroque Architecture），Zwemmer出版社，1996。

希尔斯（Hills, H.），《对巴洛克的反思》（Rethinking the Baroque），Ashgate出版公司，2011。

新古典主义

伯克（Burke, E.），《对崇高和美的观念的起源的哲学研究》（*A Philosophical Enquiry into the Origin of Our Ideas of the Sublime and the Beautiful*），牛津大学出版社，2008。

坎贝尔（Campbell, C.），《维特鲁威的世界——18世纪英国建筑手绘》（*Vitruvius Britannicus: The Classic of Eighteeth-Century British Architecture*），Dover出版社，2007。

劳吉埃（Laugier, M. A.），《论建筑》（*An Essay on Architecture*），Hennessey & Ingalls 出版社，1977。

帕拉第奥（Palladio, A.），《建筑四书》（*The Four Books on Architecture*），麻省理工学院出版社，1997。

森佩尔（Semper, G.），《建筑四要素》（*The Four Elements of Architecture*），剑桥大学出版社（Cambridge University Press），1989。

温克尔曼（Winckelmann, J.），《古代艺术史》（*The History of the Art of Antiquity*），盖提研究中心（Getty Rresearch Institute），2006。

折中主义

霍华德（Howard, E.），《明日：一条通往真正改革的和平道路》（*Tomorrow: A Peaceful Path to Real Reform*），Routledge出版社，2004。

阿道夫·鲁斯（Loos, A.），《装饰与罪恶》（*Ornament and Crime*），Ariadne出版社，1988。

普金（Pugin, A.W.N.），《对比：尖式或基督教建筑的真实原则》（*Contrasts and The True Principles of Pointed or Christian Architecture*），Spire Books出版社与Pugin Society出版社，2003。

拉斯金（Ruskin, J.），《拉斯金选集》（*Selected Writings*）——包括1849年的《建筑的七盏灯》（*The Seven Lamps of Architecture*）和1853年的《威尼斯之石》（*The Stones of Venice*），牛津大学出版社，2009。

维欧勒-勒-杜克（Viollet-le-Duc），《建筑论语》（*Discourses on Architecture*），Grove出版社，1959。

瓦格纳（Wagner, O.），《现代建筑》（*Modern Architecture*），盖提艺术与人文历史中心（Getty Center for the History of Art and the Humanities），1988。

现代主义

班纳姆（Banham, R.），《第一机械时代的理论与设计》（*Theory and Design in the First Machine Age*），麻省理工学院出版社，1980。

勒·柯布西耶（Le Corbusier），《走向新建筑》（*Towards an Architecture*），盖提研究中心，2007。

柯蒂斯（Curtis, W.），《1900年以来的现代建筑》（*Modern Architecture Since 1900*），Phaidon出版社，1996。

弗兰普顿（Frampton, K.），《现代建筑：一部批判的历史》（*Modern Architecture: A Critical History*），Thames and Hudson出版社，2007。

吉迪恩（Giedion, S.），《空间、时间和建筑》，哈佛大学出版社，2008。

陶特（Taut, B.），《阿尔卑斯山建筑》（*Alpine Architektur*），Prestel出版社，2004。

现代主义之后

詹克斯（Jencks, C.），《后现代主义建筑语言》（*The Language of Post-Modern Architecture*），Academy Editions出版社，1991。

雅各布斯（Jacobs, J.），《美国大城市的生与死》（*The Death and Life of Great American Cities*），现代文库，2011。

库哈斯（Koolhaas, R.），《疯狂的纽约：曼哈顿的回顾式宣言》（*Delirious New York: A Retroactive Manifesto for Manhattan*），Monacelli出版社，1994。

库哈斯（Koolhaas, R.），《S, M, L, XL》，Monacelli出版社，1998。

阿多·罗西（Rossi, A.），《城市建筑》（*The Architecture of the City*），麻省理工学院出版社，1982。

文丘里（Venturi, R.），《建筑的复杂性与矛盾性》（*Complexity and Contradiction in Architecture*），现代艺术博物馆，2002。

文丘里、斯科特·布朗和伊泽诺（Venturi, R., Scott Brown, D., and Izenour, S.），《向拉斯维加斯学习》（*Learning from Las Vegas*），麻省理工学院出版社，1977。

专业词汇

A

Acanthus
（莨苕叶饰）
一种基于莨苕叶子形状的风格化的装饰，最初是科林斯柱式与组合式柱的组成元素，既可以用作单独的装饰元素，也可以作为整体装饰效果的一部分。

Acroteria
（山花雕像）
雕塑通常为荚壶饰、棕叶饰，人物雕像放置在平坦的山形墙顶部的基座上。如果雕塑放置在山形墙两边的角点而不是位于顶点，则被称为"角部山花雕像"。

Aedicule
（壁龛）
建筑中凹入墙面的有框架支撑的空间，预示着宗教建筑中最为神圣的位置，以特定的艺术处理效果或丰富的表面色彩而引起人们的注意。

Aisle
（过道）
主教堂或教堂中殿主拱廊两侧背后的空间。

Altar
（祭台）
位于主教堂或教堂的东区圣殿中的一处结构或桌面，在这里可以举行圣餐仪式。在新教会，通常用桌子来代替以往固定的祭台。而位于东区的主祭台是主教堂或教堂里最重要的祭台。

Altarpiece
（祭坛饰物）
主教堂或教堂祭坛后面的一幅绘画或雕塑。

Ambulatory
（回廊）
教堂或主教堂祭坛背后的通道，经常与圣坛连接。

Apse
（半圆室）
教堂里典型的半圆形的放置圣坛的空间，实际上，也可以出现在大教堂或教堂的任何一个部分。

Arabesque
（蔓藤花饰）
复杂的由叶饰、卷涡饰以及一些人类以外的虚构的动物组成的装饰。

Arcade
（拱廊）
由一系列重复立在柱子或支墩之上的拱门组成。当中间有表面或墙壁的时候，称为"假拱廊"。

Arched brace
（拱形支撑）
桁架屋顶中的曲线形构件，同时在水平与垂直方向上提供支撑，起到拱的作用。

Architrave
（额枋）
檐部最低的部分，由大型的横梁直接放置于下面的柱头上所组成。

Ashlar
（方石砌筑）
由平整的长方形石块以非常精细的缝隙相连接，形成一堵几乎完全光滑的墙面。

Attic
（阁楼）
位于屋顶正下方的房间。在古典建筑中，它也代表檐部以上的楼层。在某些穹顶建筑中，阁楼层是圆形穹顶之上的另一个圆柱形的剖面空间。

B

Bailey
（外栅）
参见"外庭"。

Balconette
（阳台式窗）
一种通常是突出墙面的石材或者铸铁的围栏，放置在窗户的下面。

Baldacchino
（祭台华盖）
在教堂里，独立的仪式性华盖通常由木材制成，上面挂满织物作为装饰。

Ball flower
（花球饰）
一种大致为球状的装饰物，由一个球体藏在一个有三个花瓣的花苞中所构成。

Baluster
（栏杆柱）
典型的石材结构，一种栏杆的组成部分，通常排列成一排用以支持扶手。

Balustrade
（扶手）
带有一系列栏杆柱的栏杆扶手。

Bar tracery
（石条花窗）
一种石条构成的非常华丽的窗饰，由镶嵌着玻璃的细长的石材窗棂所构成。

Barbican
（瓮城）
城堡的门楼前附加的一道防御性城墙，通常设计用来将攻击者困在里面，在其上方以投掷物进行攻击。有时也指突出主城墙外的用于加强和防御的碉楼。

Barrel vault
（桶形拱顶）
最简单的一种拱顶，由一个半圆拱沿着一个轴的方向挤出形成，所创造出的是一种半圆柱的形状。

Base
（柱础）
柱子最下面的部位，立在底座或基底之上。

Basement
（地下室）
地面层以下的楼层。在古典建筑中，指的是主楼层下面的楼层，相当于底座或基底层。

Base-structure
（基础结构）
用于承载上面的建筑，呈现出建筑似乎是从这里生长出来的状态。

Basilica
（巴西利卡）
纵向很长的长方形的建筑平面，两侧为柱廊（有时为拱廊），将空间划分为中央大厅和两边的走廊。在古代罗马，巴西利卡被用于公共会议厅或法庭。4世纪时，由于其适合基督教活动的功能要求，许多早期教会建筑均采取这种建筑形式。

Basket capital
（篮状柱头）
雕刻着复杂交织的类似于藤条工艺品的柱头，通常出现在拜占庭建筑中。

Bas relief
（浅浮雕）
参见"浮雕"。

Bastion
（棱堡）
城堡中，为了加强防御性，从主城墙突出的一块构筑物或防御塔，与主体工事相连。

Bay window
（凸窗）
突出墙面的带有窗的建筑构件，从首层开始，扩展到上面的一层或几层。典型的凸窗通常是长方形的，也有曲线形的变体。

Blind arch
（假拱）
在墙中或墙表面作为装饰的拱，没有实际作用的拱洞。

Brise-soleil
（遮阳百叶）
通常位于玻璃幕墙外部与主体结构相接的建筑构件，能减少太阳辐射产生的热量。

Broken pediment
（断裂山墙）
在水平方向上的中心部位断裂的山墙。

Buttress
（扶壁）
一种为墙体提供水平方向支撑力的砖或石材砌筑的结构构件。带有半圆拱的 "飞扶壁" 是主教堂的一个典型特征，帮助教堂中殿高大的穹顶与屋面的荷载顺利地向下传递。"角扶壁" 通常使用在转角或方塔的部位，由两个成90度的扶壁分别与相互垂直的墙壁相连接，当转角处的两个角扶壁不连接于一点的时候，被称为 "后退式"。当两个角扶壁融合成为一个扶壁将转角包裹住的时候，可以称为 "抱握式"。"斜置扶壁" 指的是在建筑的转角处用一个对角线放置的扶壁同时支撑两个相互垂直的墙壁。

C

Campanile
（钟塔）
独立式的钟楼，通常邻近教堂或主教堂。

Canopy
（天篷）
一种水平或略倾斜的建筑顶盖，用于遮风避雨与减少阳光直射。

Cantilever
（悬臂）
只有一端支撑的梁、平台、构件或楼梯段。

Capital
（柱头）
柱子最上面的部位，通常向外展开并且带有装饰，用于承接檐口。

Capriccio
（幻想画）
一种绘画类型，流行于18世纪，通常以幻想的方式描绘出虚构的、荒废的建筑场景。

Caryatid
（女像柱）
雕刻为女性人物形象的石柱，用于支撑檐口。

Cella
（内堂、圣堂）
古典神庙内部中心的房间，通常有一座祭拜的雕像。例如帕特农神庙内就有一座失传多年的黄金雅典娜雕像。

Cenotaph
（衣冠冢、纪念碑）
为葬于别处的某个人或一组人建立的纪念碑。通常是纪念那些死于战争的人——尤其是用于第一次世界大战时期。

Chancel
（圣坛）
教堂或主教堂的东部，十字交叉口的内侧，主要由祭坛和歌坛组成。圣坛的地面通常比教堂其余部分的地面高一些，以屏风或栏杆分隔。

Chhatri
（查特里）
一种由圆顶覆盖的开放式亭子，印度建筑的一个共同特征。

Chevron
（V字形饰）
由重复的V字形组成的造型或装饰图案，经常出现在中世纪的建筑中。

Chinoiserie
（中国风格）
西方的一种装饰风格，流行于18世纪，来自中国的艺术形式、主题和技术。

Choir
（歌坛）
主教堂或教堂内部的一处座区，通常也是圣坛的一部分，供神职人员与唱诗班专门使用的区域。

Classical orders
（古典柱式）
柱式是古典建筑的重要组成部分，主要由基座、柱身、柱头和檐部组成。5种经典柱式分别为 "塔斯干柱式" "多利克柱式" "爱奥尼柱式" "科林斯柱式" "组合柱式"，5种柱式的大小和比例均有不同。塔斯干柱式是属于罗马时期的柱式，表面体量最大、最平坦。多利克柱式又分为两种差异比较明显的类型：希腊多利克柱式的特点是带有凹槽的柱身，并且没有基座；罗马多利克柱式是有基座的，柱身可以有槽也可以没有槽。爱奥尼柱式起源于希腊，但是在罗马人的手里得到了更为广泛的运用，其最显著的特点是卷涡式的柱头和通常有槽的柱身。科林斯柱式的特点是柱头上的莨苕叶饰。组合柱式是罗马人创造的，综合了爱奥尼柱式的卷涡式的柱头和科林斯柱式的莨苕叶饰。

Clerestory
（侧高窗）
通常开有窗户的主教堂或教堂歌坛、中殿、耳堂的上部空间，可以望到侧廊以上的外部空间。

Coffering
（镶板顶棚）
穹顶底部的装饰面，其特色是一系列凹陷的被称为 "花格" 的矩形嵌板。

Colonnade
（柱廊）
一系列间隔规整的柱子，支撑着檐部。

Column
（柱）
通常呈直立的圆柱体的建筑构件，由基座、柱身和柱头组成。

Composite order
（组合柱式）
参见 "古典柱式"。

Concave
（凹形）
向内部弯曲的表面或形态，以曲线的形态与凸形相对。

Concentric
（同心）
形容一系列相同的形状，以一个中心大小递减、依次包含。

Convex
（凸形）
表面或形态向外弯曲，看起来像圆或球体，与凹形相对。

Coping
（压顶）
以砖石砌筑的位于栏杆、山墙、墙壁等顶部的建筑构件，通常突出并带有坡度，有利于排水。

Corbel
（挑砖）
砖从墙面上突出，用于支持上面的结构。一组层层相搭的挑砖被称为 "托臂"。

Corinthian order
（科林斯柱式）
参见 "古典柱式"。

Corner pavilion
（角亭）
标志着建筑序列结尾的一组构筑物，其分布是离散式的，有时大小比例会有所增减。

Cornice
（檐口）
古典柱式檐部最上面一层的出挑的组件。这个术语也用来指从墙面突出的一组连续的、水平的线脚，尤其是墙面与屋顶相交的部位。

Corrugated
（波形）
形容一系列波峰与波谷交替的表面或结构体。

Crenellations
（雉堞）
在城墙顶部以齿状排列的突出物。突出的部分被称为"城齿",其中间的空隙被称为"垛口"。起源于城堡或城墙等防御工事,后用于装饰。

Crockets
(卷叶饰)
卷曲的、凸起的叶形装饰。

Crossing
(中央交叉部)
用于命名教堂或主教堂的中殿、两翼、高坛相互交会的地点。

Cupola
(顶阁)
位于屋顶或穹顶之上的小型的圆顶结构,在平面上通常是圆形或八角形,有时用作观景平台。顶阁往往是高度光滑、抛光的,将光线反射到下面的空间,因此有时也被称为"采光亭"。

Curtain wall
(护墙、幕墙)
在城堡建筑中特指围合封闭的用于强化防御的墙壁。更常用的词义是一种非承重类的建筑表皮构件,附着于主体结构之上,但是又独立于主体结构之外。幕墙的选材可以各种各样:砖、石材、木材、抹灰、金属,或者是现代建筑中最典型的玻璃——后者的优点是可以让光线穿透并深入建筑之中。

Cusp
(尖角)
窗饰中两条弧线相交形成的尖角,多用于拱腹轮廓线或叶饰。

D

Dagger
(剑形饰)
一种剑形的窗饰元素。

Diagonal rib
(对角肋)
肋拱中以对角线方向穿过拱顶的肋架。

Diaper
(菱形图案)
重复的网格状装饰图案。

Dome
(穹顶)
通常是半球体的结构,由一个拱以中心对称轴旋转360度而形成。

Doric order
(多利克柱式)
参见"古典柱式"。

Drawbridge
(吊桥)
位于护城河之上可以上下开启与闭合的桥。吊桥通常是木制的,经常通过对重系统进行操作。

Drum
(鼓座)
上面放置穹顶的通常有柱廊的圆柱体结构。也称为"顶阁身"。

Duct
(管道)
管状构件,可以装载电缆,用作风管或水管,是建筑辅助设施的一部分。

E

Eave
(屋檐)
屋面悬挑出墙面的部分。

Elevator
(升降梯)
参见"电梯"。

Entablature
(檐部)
柱头的上部结构,由额枋、檐壁和檐口组成。

Entasis
(收分)
使柱身的曲线微凸,用以纠正视觉上完全垂直的柱子所引起的凹陷的错觉。

Escalator
(自动扶梯)
电力驱动的楼梯,由循环运动的链条带动踏步所构成,通常位于建筑的门厅,也可以附属于建筑的外部。

Eye-catcher
(视觉焦点)
在景观园林设计中,美丽的、引人注目的建筑物或构筑物。庙宇、桥梁、纪念柱都是典型的作为视觉焦点的建筑,这些建筑几乎没有任何实用的功能。

F

Fan vault
(扇形拱)
由从主承重点放射出的许多曲线、大小相同的肋骨所构成的拱顶,创造出一种倒锥形的扇叶状的图案。扇形拱通常有着复杂的交织的线条,有时配以垂坠——垂饰通常出现在相邻的拱顶所连接的位置。

Flat roof
(平屋顶)
水平面的屋顶(会略有坡度,以利于排水)。传统的做法是用沥青混合砾石密封屋顶,后来则更多地使用合成的防水卷材。

Flute
(柱槽)
柱身上垂直的凹槽。

Flying buttress
(飞扶壁)
参见"扶壁"。

Foil
(叶形)
在花窗上两个尖点之间形成的弯曲空间,有时为一片叶子的形状。

Forum
(论坛)
罗马城镇中心的公共广场,也经常被用作交易市场。

Frieze
(檐壁)
檐部位于额枋和檐口之间的部分,通常以浮雕装饰。这个术语也用来指沿着墙体的连续的水平方向的浮雕。

Frontispiece
(主立面)
建筑的主要立面。

G

Gable
(山墙)
通常指的是一段三角形的墙体,用于在侧面封堵斜坡或者人字形的屋面。

Gallery
(步廊)
在中世纪的主教堂,步廊是位于主柱廊上方和高侧窗下面的过渡层,通常会设置浅拱,形成的步廊空间位于侧廊的上方。有时候在这一过渡层还会附加一层封闭的拱廊,被称为"楼廊"。

Gatehouse
(门楼)
城堡中用于强化城门的结构物或塔楼。作为城堡防御中的一个潜在的弱点,门楼通常是被加强的对象,通常包括一个吊桥和一道或多道闸门。

Geodesic dome
(网架式穹顶)
部分球体或完整球体的结构形式,由单元是三角形钢框架所组成。

Gesamtkunstwerk
(整体艺术品)
德语,可理解为"一件汇集了许多不同的艺术形式如建筑、绘画和雕塑的整体的艺术品"。这个术语在19世纪中期由德国作曲家理查德·瓦格纳所推广,可以追溯到很多巴洛克时期的作品。

Giant order (or giant column)
[巨型柱式(巨型柱)]
一根柱子上下扩展到两层(或更多的楼层)。

Glass curtain wall
(玻璃幕墙)
参见"幕墙"。

Grand Tour
（伟大的旅程）
在欧洲，特别是在意大利进行的旅行，在18世纪是年轻的贵族男子（艺术家和建筑师）的文化教育中重要的一部分。

Great hall
（大堂）
城堡仪式和行政的中心，也用于餐饮和接待客人。大堂里装饰华丽，通常采用带有纹章的装饰品。

Greek cross plan
（希腊十字平面）
由长度相同的耳堂围绕中间的核心所构成的教堂平面。

Greek Doric order
（希腊多利克柱式）
参见"古典柱式"。

Green roof
（绿色屋面）
被植被部分覆盖或全部覆盖的屋顶（当然也包括植物生长介质、灌溉系统和排水系统）。

Groin vault
（交叉拱顶）
由两个桶形拱顶垂直交叉所产生的拱顶。交叉部位的拱形边缘形成了"交叉拱"，也是交叉拱顶名称的由来。

Grotesquery
（怪诞式）
怪诞的、错综复杂的装饰性线条，包括人物形象。怪诞式的灵感来源于对古罗马装饰形式的重新发现。

H

Hammer beam
（悬臂托梁）
桁架屋架结构中突出墙面的一小段梁，通常下面由拱支撑，端头立有椽梁支柱。

Hammer-beam roof
（悬臂托梁屋顶）
一种桁架屋顶，水平的梁似乎在中间被切断，留下从墙中悬挑出来的托梁。这些托梁通常下面由拱支撑，端头立有椽梁支柱。

Hammer post
（椽梁支柱）
在桁架屋顶中，由悬臂托梁支撑的垂直的立柱。

Haunch
（拱腰）
拱基与拱顶石之间的弧形部分。

Hippodrome
（竞技场）
古希腊或古罗马用于赛马或战车比赛的运动场。

Horseshoe arch
（马蹄形拱）
曲线形式是马蹄形的拱，拱腰处比拱基处要宽。马蹄形拱通常是伊斯兰建筑的象征。

Hyperbolic parabolic arch
（双曲面抛物线拱）
一种拱，形状由两个相互反向的抛物线的运动所形成。

I

Impost
（拱基）
典型的水平的带状物，是起拱点和上面的拱楔块开始的部位。

Ionic order
（爱奥尼柱式）
参见"古典柱式"。

J

Jamb
（窗口侧面）
窗口两边的垂直侧壁。

K

Keep or donjon
（主堡）
位于城堡中心的巨大塔楼，有时位于山丘之上，通常号称是城堡中防御最坚固的部分，是城主居住的地方，通常也包含或临近大堂和教堂。

Keystone
（拱顶石）
拱门顶部中央的楔形石块，使其他石块就位并固定。

L

Lancet window
（柳叶窗）
高且窄的尖拱窗，通常三个为一组；以与柳叶有着相似之处而命名。

Lantern
（采光亭）
参见"顶阁"。

Lierne vault
（枝肋拱顶）
一种拱顶，有着额外的、不与主支座相连的位于相邻的对角线肋与横肋之间的附加的肋。

Lift
（电梯）
也被称为升降梯，电梯是垂直运输设备，本质上是一个封闭的上下移动的平台，其机械系统可以分为

滑轮系统（牵引电梯）或液压活塞系统（液压电梯）。电梯通常位于建筑的核心，也可以置于建筑的外侧。

Light
（窗口）
窗户的开口部分，由一个或多个玻璃窗格封闭。

Lime plaster
（石灰砂浆）
石灰砂浆由沙子、石灰和水混合而成，有时也掺入动物纤维以提高石灰砂浆的强度，是建筑历史上最常见的一种石灰砂浆。石灰砂浆可以用于壁画制作。

Lintel
（过梁）
门窗洞口上设置的水平受力构件。

Loggia
（敞廊）
部分封闭的在一条边或多条边设有拱廊或柱廊的有顶盖的空间，可以是建筑的一部分，也可以作为一个独立的建筑物。

M

Machicolations
（堞眼）
城堡顶层地面在突出的雉堞处预留的洞口，位于相邻的托臂之间。堞眼的设计最初用于强化建筑的防御，通过洞口可以向入侵者投掷固体或抛洒液体，后来则用于装饰目的。

Mansard roof
［双重斜坡屋顶（芒萨尔屋顶）］
有两种坡度的屋顶，下面部分屋面的斜率通常比上面部分的屋面高。双重斜坡屋顶通常带有老虎窗，在两端有斜脊，是一种典型的法国式设计，这个术语的命名来源于最初的推广者法国建筑师弗朗索瓦·芒萨尔。如果一个折线形屋顶的端头以一面山形墙结束而没有斜脊的话，则严格地被称为"斜折屋顶"。

Medallion
（圆浮雕牌）
圆形或椭圆形的装饰板，上面装饰以雕塑或者绘有人物或风景。

Metope
（陇间壁）
多利克柱式三陇板之间通常带有装饰的部位。

Mezzanine
（夹层）
两个主要楼层中间的一层，在古典建筑中则指的是客厅楼层与阁楼。

Moat
（护城河）
位于城堡周围用于防御的沟渠或大型堑壕，侧壁通常非常陡峭，且以水注满。

Mosaic
（马赛克）
由小块的彩色瓷砖拼贴成的抽象的或具象的平面装饰图案，"嵌片"的材质可以是玻璃或者石头，以砂浆或胶体进行固定。马赛克可以用作墙壁装饰和地面装饰。

Mouchette
［水滴饰（椭圆饰）］
水滴形状的窗饰元素。

Mullion
（竖框）
用于分割空隙的竖向的杆或构件。

Muqarnas
（钟乳拱）
钟乳石形状的装饰元素，用于装饰高大的天花板底部的空间。

N

Naos
［圣堂（神殿）］
古典神庙中央的以柱廊环绕的实体部分，通常分隔为几个空间。

Narthex
（前厅）
位于主教堂或教会最西端的部位，习惯上并不被认为是属于教堂的一部分。

Nave
（中殿）
教堂或主教堂的主体部分，从西区一直到中央十字交叉处的一段；如果没有侧翼的话，则一直到达圣坛。

Niche
（壁龛）
拱形的凹进墙面的空间，专门用于存放雕像，简单地在表面涂以色彩。

O

Obelisk
（方尖碑）
细窄、高挑，截面大致是矩形的构筑物，向上逐渐缩小，顶部收为金字塔形的锥体。来源于古埃及建筑，方尖碑在古典建筑中经常被使用。

Octastyle
（八柱式）
神庙的正立面由八根柱式（或壁柱）组成。

Ogee arch
（葱形拱）
尖拱的一种，拱的每一侧都是由底下（外侧）的凹弧线与上面（内侧）的凸弧线相交组成。外侧的两个凹弧线的圆心在拱基的水平面上，位于拱跨内部或在拱跨的中心。内侧的两个凸弧线的圆心则通常位于拱的矢高之上。

Onion dome
（洋葱头穹顶）
球茎状的穹顶，形状与洋葱头类似，顶部以尖点结束，截面的形状与葱形拱类似。

Open plan
（开敞平面）
以很少的墙体或隔断进行分隔的室内空间。

Orangery
（橘园）
特指在18—19世纪将玻璃暖房或温室与房屋或宅邸相连的建筑形式，用于在寒冷的气候里种植柑橘类水果。

Oriel window
（凸肚窗）
一种向外突出的窗户，位于地面层以上的一个或多个楼层。

Outer ward
（外庭）
也称为"外栅"。城堡建筑中的一块以封闭的围墙进行加强的区域，供城主的日常居住使用，里面设有马厩、工坊，有时还有兵营。

P

Palladian window（also known as a Venetian or Serlian window）
［帕拉第奥式窗（威尼斯式窗）］
一种三分式的窗，中间是带有拱形的窗洞，两侧是较小的平窗。特别是在大型的实例中可以看到柱式以及带有装饰的拱顶石。

Palmette
（棕叶饰）
一种装饰母题，是由棕榈叶构成的扇形图案，其叶瓣是向外垂的（这一点与自然界的棕榈叶不尽相同）。

Panel
（镶板）
墙、顶棚、门凹进或突出一般表面的部分。

Parabolic vault
（抛物线穹顶）
轨迹是抛物线形状的穹顶，通常以钢筋混凝土建造。

Pediment
（浅山墙）
坡度较浅的三角形山形墙；组成古典神庙建筑正面的一个主要元素，通常也用来放在洞口的上方，并不都是三角形。

Pendentive
（穹隅）
由穹顶与四边的拱座相交所生成的球面三角形。

Peripteral
（列柱围廊式）
四边都以单排列柱围合的古典神庙。

Peristasis
（环柱柱廊式）
以单排或双排列柱进行围合并提供结构支撑的古典神庙。也称为"绕柱式"。

Piano nobile
（客厅层）
在古典建筑中指的是主要的楼层。

Pier
（墩基础）
直立的（很少有角度的）垂直支撑结构构件。

Pilaster
（壁柱）
从墙面略微突出的形状较扁的柱子。

Piloti
［底层架空柱（独立支柱）］
将建筑从地面层架空抬起的柱子或支墩，所释放的地面层的空间用于交通流线或存储用途。

Pinnacle
（小尖塔）
形式是细长的三角形，越往上越收缩，向天空中发展。小尖塔通常配以雕饰。

Pitched or gabled roof
（坡屋顶）
两边有坡度，端头以山墙结束的单脊屋顶。有时也泛指任何倾斜的屋顶。

Plate tracery
（石板花窗）
花窗的一种基本类型，外观看起来是在一层石板上进行雕刻，或将石板透空。

Plinth
（底座）
柱基最下面的部分。

Portcullis
（吊门）
木头或金属制成的格栅门，位于城堡的门楼或外堡，通过滑轮系统可以迅速地升高和降低。

Portico
（栓廊）
延伸到建筑主体之外的走廊，立面通常采用古典神庙式的由柱廊支撑山形墙的处理方法。

Post
（竖框）
门框垂直的部分。

Projecting window
（凸窗）
突出墙面的窗户。

Pronaos
（前圣堂）
古典神庙建筑内堂两侧的墙向外延伸，中间有一对柱子，构成一个类似于玄关的空间。

Pseudodipteral
（假双排柱围廊式）
古典神庙的一种形式，特征是建筑的前圣堂有两排独立的柱子，在侧面和后面则只有一排柱廊（外圈的柱廊有时会与内殿的附墙柱或壁柱相对应）。

Pseudoperipteral
（假列柱围廊式）
古典神庙的一种形式，特征是采用附墙柱或壁柱而不是独立的列柱。

Q

Quadripartite vault
（四分拱顶）
每个开间由两个对角线肋分成四个部分的拱顶。

Quoins
（角石）
建筑角部的石头，通常采用大块的石材，材质有时也与建筑其他部位有所不同。

R

Raffle leaf
（卷叶饰）
滚动的、锯齿状的叶状装饰，经常出现在洛可可装饰中。

Railing
（栏杆）
结构与栅栏相似，用于将平台、楼梯的空间进行围合并支撑水平扶手的垂直构件，通常经过装饰性处理。

Recessed
（凹进的）
形容建筑构件设置在墙面或建筑外壳的内部的状态，例如窗户或阳台。

Rectilinear
（直线的）
形容建筑、立面、开窗等仅由一系列的垂直和水平的元素所构成。

Relief
（浮雕）
一种雕刻的模式，外观突出于背景平面（有时候也会凹进背景平面）。"浅浮雕"突出的高度通常小于背板厚度的一半。"高浮雕"突出的高度超过背板厚度的一半。"半浮雕"则介于浅浮雕与高浮雕之间。"凹浮雕"呈现出的是凹进背板的状态，而不是突出，它也被称为"凹雕刻"。"薄浮雕"是一种非常平坦的浮雕，最常出现在意大利文艺复兴时期的雕塑中。

Render
（粉刷）
通常指用添加了水泥的石灰浆进行抹灰。由于具有一定的不透水性，掺加了水泥的灰浆经常用于外墙粉刷。现代水泥灰浆有时会加入丙烯酸类的添加剂，进一步提高防水性能，并且能够制成各种不同的颜色。

Rib
（肋架）
突出的、用砖石砌成的条状的结构构件，为拱顶或穹顶提供支撑。

Rib vault
（肋拱顶）
与交叉拱顶类似，不同的是交叉部位以肋架为中间的填充部分或拱踵提供结构支撑框架。

Ribbon window
（带形窗）
横贯建筑的一系列水平连续的高度相同的窗，只以竖向窗棂进行分格。带形窗的框架有时可以是相互折叠的，使光线沿着一定的轨迹行进。

Rise
（矢高）
一座拱从拱基平面到拱顶石下表面的高度。

Roll
（卷形线脚）
一种简单的凸的装饰线脚，通常截面是半圆形，有的时候大于半圆形。通常出现在中世纪的建筑中。由卷形线脚结合一个或两个倒圆角所构成的"罗兰式倒角"是这种线脚的一种变体。

Roman Doric order
（罗马多利克柱式）
参见"古典柱式"。

Roof garden or terrace
（屋顶花园或平台）
在建筑物的屋顶铺设的花园或平台，为建筑提供了一个休闲的地方，尤其运用在地面层的空间非常昂贵的情况，屋顶花园可以帮助下面的建筑空间对温度进行调节。

Rose window
（玫瑰窗）
圆形的窗口，通常配以复杂的花饰窗格，外观看来像是有着很多花瓣的玫瑰。

Round-headed window
（圆头窗）
过梁是拱形的窗。

Rustication
（粗琢石砌）
石材砌筑的一种风格，将石块之间的接缝加以强调。在一些粗琢石砌中，石块的表面肌理也多种多样。

S

Sacristy
（圣器室）
教堂或主教堂中用于存储衣服与其他物品的房间。可以位于建筑主体内部或在建筑的一边。

Salon
（沙龙）
大型建筑中的主要会客室，在18世纪成为文化、哲学和政治思想交流的重要场所。

Sanctuary
（祭坛）
圣坛中主祭台设置的位置，教堂中最为神圣的部位。

Scroll
（涡卷饰）
一种突出的线脚，有些像卷形线脚，但由两条曲线组合而成，上面的曲线比下面的曲线更为突出。

Segmental pediment
（拱形山形墙）
与三角形的山形墙类似，不同的是三角形的形状被曲线所替代。

Semicircular arch
（半圆形拱）
拱两边的曲线共用一个圆心，矢高等于跨度的一半，呈现出半圆的形状。

Sexpartite vault
（六分拱顶）
拱顶的一种，每个开间由两条对角线肋和一条横向肋分为6个部分。

Shaft
（柱身）
古典柱式中柱基与柱头之间细长的部分。

Sill
（下槛）
门、窗下部的水平部件。

Sliding door
（推拉门）
门板放置于平行的轨道上的门。开启时，门板沿着铁轨滑动，与门洞侧面的墙体或表面重叠。有时门扇可以滑动到墙体内部。

Solomonic column
（所罗门柱）
柱身扭曲的螺旋形柱式，据说来源于耶路撒冷的所罗门圣殿。所罗门柱可以配以各种柱头，由于其装饰性比较高，所以相对于使用在建筑中，更多的是出现在家具和装饰中。

Space frame
（空间框架）
由一系列重复的直杆组成的几何形状进而构成的三维空间结构框架，这种框架具有强度高、自重小的特点，经常用于大跨度、柱子少的空间。

Span
（跨度）
一座拱所横跨的距离，中间没有额外的支持。

Spandrel
（拱肩）
相邻两座拱背线之间形成的大体三角形的区域，上面有水平的边框。

Spire
（尖塔、尖顶）
向上逐渐变细的三角形或圆锥形结构，通常设置在教堂或其他中世纪建筑的塔的顶部。

Spolia
（借用）
将现有的或者已经毁坏了的建筑中的一部分重新使用或挪用到新建的建筑中。

Springer
（拱脚砌块）
位于起拱点处的楔块，一座拱最下面的楔块。

String course
（束带、腰线）
横贯墙面的一条薄的水平线脚。当束带在柱式上时，被称为"柱环"。

Stucco
（抹灰）
传统抹灰指的是覆盖在建筑外表面的一种硬质的石灰砂浆，将内部的砖石结构隐藏起来，并提供表面装饰。现代抹灰则一般是水泥砂浆。

Surround
（包边、饰边）
术语，常用于表示门窗洞口周边的装饰框。

T

Tesserae
（嵌块）
用于制作马赛克的小块的彩色瓷砖、玻璃或石子。

Tierceron vault
（副肋架）
支撑拱顶的附加肋架，从拱顶的支撑点出发，与横肋或脊肋相连接。

Topiary
（修剪整形）
将灌木或树木修剪成为具有装饰性的形式。

Tower
（塔）
原指突出教堂十字交叉部位或西区的窄、高、尖的构筑物。广义上指与建筑主体相连、突出于主体或独立的窄、高、尖的构筑物。

Trabeated
（横梁式）
形容由一系列垂直的柱子和水平横梁所构成的建筑结构体系。

Tracery
（花窗）
以细薄的石条作为窗格将玻璃进行分隔，创造出具有装饰性或具象性的场景。
参见"石条花窗""石板花窗"。

Transepts
（横厅）
在拉丁十字形平面中，横厅是将中殿的东部一分为二的侧殿。在希腊十字形平面中，这个词语指的是从十字中心向外发散的四个长度相同的殿。

Transfer beam
（转换梁）
水平结构构件，将荷载转移到垂直的支持上。

Transom
（中槛）
在水平方向分隔洞口的杆或对幕墙进行分格的面板。

Transverse rib
（横肋）
横向穿过拱顶的一条结构肋，与墙面垂直，对立面开间起到一定的限制作用。

Triforium
（楼廊）
哥特式大教堂中步廊层上附加的一道假柱廊。

Triglyph
（三陇板）
多利克柱式的檐壁上有开槽的矩形饰块，特点是有三个垂直的竖条。

Tripartite portal
（三联门）
装饰华丽的建筑大型正立面入口，由三个门洞组成。这种入口通常出现在西方中世纪教堂和主教堂的西立面，偶尔也出现在侧翼。

Triumphal arch
（凯旋门）
一种古老的建筑模式，主要由中央高大的拱门与两侧较小的门洞所组成，古典时期经常作为一座独立的建筑。在文艺复兴时期得到再生，并作为一种范式应用在各种建筑中。

Truss
（桁架）
一种结构框架，由一个或多个三角形单元组合而成，基本杆件均为直杆，可横跨很大的空间并承受一定的荷载。最常见的桁架由木头或钢材所制成。

Tunnel vault
（筒形拱顶）
也称为桶形拱顶，最简单的一种拱顶，由一个半圆拱沿着一个轴的方向挤出形成，所创造出的是一种半圆柱的形状。

Turret
（角塔）
从建筑围墙或屋顶的角部耸立出来的一个非严格意义上的尖塔。

Tuscan order
（塔斯干柱式）
参见"古典柱式"。

U

Undulating
（波浪形）
形容建筑有着凸凹相间的曲线形态，好像波浪一样。

V

Viaduct
（高架桥）
高高抬起的跨越山谷或河面的类似于桥的结构物，通常架设在几个跨度小的拱之上，最上面设有道路或铁路。

Volute
（卷涡）
最多的是出现于爱奥尼柱式、科林斯柱式、组合柱式上的卷曲的螺旋形装饰，是一种独立的立面的装饰元素。

Voussoir
（拱楔块）
组成拱的曲线的通常是砖石的任意一种楔形砌块（拱顶石和拱脚石都属于拱楔块的一种）。

W

Web
（拱蹼）
位于拱肋之间的填充表面成为拱蹼。

Z

Zeitgeist
（时代精神）
源于德语，词义是"时代的精神"。

图片来源

封面上图Alamy/MARKA；封面下图Alamy/David Gea；封底左上方Alamy/Eye Ubignitous；封底右上方@Paul M. R. Maeyaert；封底左下方Alamy/Arcaid Images；封底右下方Alamy/Photolibrary。

T＝上方；B＝下方；C＝中心；L＝左；R＝右

7CL © Craig & Marie Mauzy, Athens mauzy@otenet.gr; 7B © Paul M.R. Maeyaert; 9T © Fotografica Foglia, Naples; 11T © Craig & Marie Mauzy, Athens mauzy@otenet.gr; 13T © Paul M.R. Maeyaert; 13B © Paul M.R. Maeyaert; 15T © Vincenzo Pirozzi, Rome/fotopirozzi@inwind.it; 17BR © Paul M.R. Maeyaert; 26R © Paul M.R. Maeyaert; 33 © Paul M.R. Maeyaert; 53BR © Quattrone, Florence; 55L © Quattrone, Florence; 59T © Vincenzo Pirozzi, Rome/fotopirozzi@inwind.it; 59B Wikipedia; photo Jensens; 61B © Vincenzo Pirozzi, Rome/fotopirozzi@inwind.it; 65B Angelo Hornak/Corbis; 69L © Quattrone, Florence; 69R © Vincenzo Pirozzi, Rome/fotopirozzi@inwind.it; 78B © Paul M.R. Maeyaert; 85C © Paul M.R. Maeyaert; 86T © Paul M.R. Maeyaert; 86B © Paul M.R. Maeyaert; 89C James Stringer; 95T © Paul M.R. Maeyaert; 97CR © Paul M.R. Maeyaert; 100B Owen Hopkins; 111C © Paul M.R. Maeyaert; 112 © Paul M.R. Maeyaert; 119T Yale University Art Gallery, New Haven. Gift of Professor Shepard Stevens, B.F.A. 1922, M.A. (Hon.) 1930; 123TR © Angelo Hornak, London; 123BL © Paul M.R. Maeyaert; 125R The Granger Collection/TopFoto; 129 © Angelo Hornak, London; 130B Tim Street-Porter; 141T Bastin & Evrard © DACS 2014; 141B © Paul M.R. Maeyaert; 143T © Paul M.R. Maeyaert; 152B Chicago History Museum/Getty Images; 153B RIBA Library Photographs Collection; 168T Richard Weston © DACS 2014; 171U University of East Anglia Collection of Abstract and Constructivist Art/The Bridgeman Art Library; 173C Helle:Jochen/Arcaid/Corbis © DACS 2014; 173B Roland Halbe/Artur Images; 180B Courtesy Yale University Art Gallery; photo Elizabeth Felicella; 189T Iwan Baan; 198T Photography by Max Dupain; 199T Courtesy Raj Rewal Associates; 201 Courtesy Atelier Hollein; photo Marlies Darsow; 202T Venturi, Scott Brown Collection, The Architectural Archives, University of Pennsylvania; photo Matt Wargo; 202C Courtesy Michael Graves Associates; 214T Hufton + Crow/View/Corbis; 217 Courtesy Mario Botta; photo Alberto Flammer

以下图片均由Alamy提供：

4 LOOK Die Bildagentur der Fotografen GmbH; 7T Iain Masterton; 7CR Terry Smith Images; 9B Bildarchiv Monheim GmbH; 10T Stephen Coyne; 10B mediacolor's; 11B Iain Masterton; 14L Terry Smith Images; 14R Jon Arnold Images Ltd; 15B Angelo Hornak; 17TL Robert Harding Picture Library Ltd; 17TR Louis Champion; 17C David Keith Jones; 17BL Angelo Hornak; 19T Robert Harding Picture Library Ltd; 19B David Keith Jones; 20L Tibor Bognar; 20R Bildarchiv Monheim GmbH; 21L Louis Champion; 21R Rebecca Erol; 23T humberto valladares; 23B Robert Stainforth; 24L INTERFOTO; 24R © Ian Dagnall; 25L Angelo Hornak; 27TL guichaoua; 27TR Photo Provider Network; 27C David Gee 1; 27BL FotoVeturi; 27BC Hideo Kurihara; 27BR Findlay; 28 Nelly Boyd; 29L JOHN KELLERMAN; 29R JOHN KELLERMAN; 30 Paul S. Bartholomew; 31L guichaoua; 31R Collpicto; 32 Photo Provider Network; 34L Prisma Bildagentur AG; 34R Angelo Hornak; 35L Peter Barritt; 35R Robert Harding Picture Library Ltd; 37T Bildarchiv Monheim GmbH; 37B David Gee 1; 38L Glenn Harper; 38R Bildarchiv Monheim GmbH; 39L INTERFOTO; 39R Peter Barritt; 41L Luigi Petro; 41R Eye Ubiquitous; 42T Alan Copson City Pictures; 42B Bildarchiv Monheim GmbH; 43L FotoVeturi; 43R Adam Eastland Italy; 45T VIEW Pictures Ltd; 45B incamerastock; 46T Hideo Kurihara; 46B Maurice Crooks; 47L P.Spiro; 47R incamerastock; 49T Findlay; 49B CW Images; 50T LOETSCHER CHLAUS; 50B Tom Mackie; 51T Holmes Garden Photos; 51B Robert Harding Picture Library Ltd; 53T Hemis; 53C Tips Images/Tips Italia Srl a socio unico; 53BL Associated Sports Photography; 55R Art Directors & TRIP; 56T Art Kowalsky; 56B Vito Arcomano; 57T Travel Division Images; 57B Hemis; 60L Tips Images/Tips Italia Srl a socio unico; 60R The Art Archive; 61T The Art Archive; 63T David Keith Jones; 63C The National Trust Photolibrary; 63B Angelo Hornak; 64 jeff gynane; 65T Associated Sports Photography; 67 Bildarchiv Monheim GmbH; 68T Vito Arcomano; 68C Paul Shawcross; 68B The Art Archive; 71TL Adam Eastland Rome; 71TC Robert Harding World Imagery; 71TR Robert Rosenblum; 71C Matt Spinelli; 71BL Magwitch; 71BR LOOK Die Bildagentur der Fotografen GmbH; 72 Marina Spironetti; 73L Adam Eastland Rome; 73R Riccardo Granaroli; 74L LatitudeStock; 74R Adam Eastland Art + Architecture; 75 JOHN KELLERMAN; 77T LOOK Die Bildagentur der Fotografen GmbH; 77B allOver photography; 78T JTB MEDIA CREATION, Inc.; 79L Bildarchiv Monheim GmbH; 79R Robert Harding World Imagery; 81T Ian Kingsnorth; 81B Keith Levit; 82L B.O'Kane; 82R Robert Rosenblum; 83L Art Directors & TRIP; 83R David R. Frazier Photolibrary, Inc.; 85T JOHN KELLERMAN; 85B Matt Spinelli; 87 France Chateau; 89T Tim Graham; 89B Michael Jenner; 90 NorthScape; 91L Magwitch; 91R Arcaid Images; 93T Bildarchiv Monheim GmbH; 93B LOOK Die Bildagentur der Fotografen GmbH; 94T INTERFOTO; 94B Bildarchiv Monheim GmbH; 95B Bildarchiv Monheim GmbH; 97T David Mariner; 97CL Ramesh Yadav; 97CC Angelo Hornak; 97BL Barry Lewis; 97BR James Osmond Photography; 99T Angelo Hornak; 99B Dennis Hallinan; 100T Bildarchiv Monheim GmbH; 101T The National Trust Photolibrary; 101B David Mariner; 103L Bildarchiv Monheim GmbH; 103R Holmes Garden Photos; 104T Ramesh Yadav; 104C JTB MEDIA CREATION, Inc.; 104B Peter Phipp/Travelshots.com; 105 ClassicStock; 107T Arcaid Images; 107C Angelo Hornak; 107B Steve Frost; 108 M Itani; 109L AntipasM; 109R Andreas von Einsiedel; 111T The Art Archive; 111B Antony Nettle; 113T The Art Gallery Collection; 113B The Art Archive; 115 The National Trust Photolibrary; 116T Bildarchiv Monheim GmbH; 116C Barry Lewis; 116B Prisma Bildagentur AG; 117T Anna Yu; 117B Paul Harness; 119B Photos 12; 120T The Art Gallery Collection; 120C Matthew Chattle; 120B James Osmond Photography; 121 Arcaid Images; 123TL VIEW Pictures Ltd; 123CL JRC, Inc.; 123CR John Morrison; 123BR Nikreates; 125L Mark Titterton; 126T Oxford Picture Library; 126B Shangara Singh; 127L Jack Hobhouse; 127R VIEW Pictures Ltd; 130T morgan hill;

130C Ian Dagnall; 131L Peter Phipp/Travelshots.com; 131R PhotosIndia.com LLC; 133 Caro; 134T Chris Hellier; 134B LOOK Die Bildagentur der Fotografen GmbH; 135T The Print Collector; 135C Peter Horree; 135B JRC, Inc.; 137 The National Trust Photolibrary; 138T Arcaid Images; 138B John Morrison; 139T John Morrison; 139C numb; 139B Arcaid Images; 142L G P Bowater; 142R Arcaid Images; 143B Angelo Hornak; 145 Nikreates; 146T Angelo Hornak; 146C Clive Collie; 146B Karen Fuller; 147T VIEW Pictures Ltd; 147B Sean Pavone; 149TL Nick Higham; 149TR Bildarchiv Monheim GmbH; 149C Paul Carstairs; 149BL Galit Seligmann Pictures; 149BR Eye Ubiquitous; 151L Everett Collection Historical; 151R Philip Scalia; 152T B.O'Kane; 153T B.O'Kane; 155L Bildarchiv Monheim GmbH; 155R Bildarchiv Monheim GmbH; 156T Prisma Bildagentur AG; 156C B.O'Kane; 156B Bildarchiv Monheim GmbH; 157 Arcaid Images; 159 Arco Images GmbH; 160T imagebroker; 160B LOOK Die Bildagentur der Fotografen GmbH; 161T Werner Dieterich; 161C Bildarchiv Monheim GmbH; 161B WoodyStock; 163 Bildarchiv Monheim GmbH © FLC/ADAGP, Paris and DACS, London 2014; 164T CTK; 164C VIEW Pictures Ltd © FLC/ADAGP, Paris and DACS, London 2014; 164B Robert Bird © DACS 2014; 165L EDIFICE; 165R Philip Scalia; 167L AST Fotoworks; 167R Arcaid Images; 168B Bildarchiv Monheim GmbH; 169T John Peter Photography; 169B Arcaid Images; 171R ITAR-TASS Photo Agency © DACS 2014; 172 RIA Novosti; 173T ITAR-TASS Photo Agency; 175T Joeri DE ROCKER; 175C INTERFOTO; 175B RIA Novosti; 176L Bill Heinsohn; 176R Vito Arcomano; 177 INTERFOTO; 179T Universal Images Group/DeAgostini; 179B Nick Higham; 180T Nikreates; 180C Arcaid Images © ARS, NY and DACS, London 2014; 181 MARKA; 183 Paul Carstairs; 184T Bildarchiv Monheim GmbH © FLC/ADAGP, Paris and DACS, London 2014; 184C Chris Mattison; 185L Arcaid Images; 185R Martin Pick; 187 Galit Seligmann Pictures; 188L Angelo Hornak; 188R Arcaid Images; 189C MIXA; 189B Gregory Wrona; 191L Angelo Hornak; 191R VIEW Pictures Ltd; 192 Eye Ubiquitous; 193T xPACIFICA; 193C Tomobis; 193B Loop Images Ltd; 195TL Mark Burnett; 195TR PSL Images; 195CL PRISMA ARCHIVO; 195CR Robert Harding World Imagery; 195BL CuboImages srl; 195BR VIEW Pictures Ltd; 197T Arcaid Images; 197B John Mitchell © 2014 Barragan Foundation, Birsfelden, Switzerland/ProLitteris/DACS; 198B Arcaid Images; 199B LusoArchitecture; 202B Arcaid Images; 203T Philip Scalia; 203B PSL Images; 205L Arcaid Images; 205R PRISMA ARCHIVO; 206 Aflo Co. Ltd.; 207T Hemis; 207C Mark Burnett; 207B CuboImages srl; 209 VIEW Pictures Ltd; 210T Arcaid Images; 210C VIEW Pictures Ltd; 210B Robert Harding World Imagery; 211T Tom Mackie; 211B Arcaid Images; 213T MARKA; 213C Inge Johnsson; 213B VIEW Pictures Ltd; 214B Arcaid Images; 215 Art Kowalsky; 218T Arcaid Images; 218C MARKA; 218B VIEW Pictures Ltd; 219T David Keith Jones; 219B VIEW Pictures Ltd

作者致谢

想要将西方建筑的整个历史进行梳理，从中提炼出若干种不同的建筑风格，然后为每种风格配以图片表达，着实是一项不容小觑的任务。所幸的是此前已有无数的作者为我铺平了前进的道路，某种程度上，是他们的付出使这本书成为现实（这些作者在本书的参考文献中大都有提及）。读者们在阅读本书的过程中，遇到引用了某个作者的观点的时候，建议查阅一下其著作的原文，以便更细致地领会他们的理念与思辨。

本书献给乔安娜·哈丁女士，感谢她的爱与支持，感谢她在本书写作的日日夜夜中给予的耐心与陪伴。